Quantenphysik in der Makrowelt

VOLODYMYR BILOVSKYI

"X" - @Volodymyr9348

theorybilovskiy@gmail.com

Copyright © 2024 Volodymyr Bilovskyi

All rights reserved.

Inhalt

KURZE BESCHREIBUNG VOM AUTOR	4
1. Quantenbiologie	6
2. Quantenmechanik - Was ist das?	26
3. Die Zeit als Illusion.	41
4. Die Natur des Raumes	64
5. Die mathematische Realität	89
6. Quantenbewusstsein	120
7. Die Quantenrevolution: Die Welt als Quanteninformation	128
8. Quantengravitation	135
9. Neuronale Harmonie	158

KURZE BESCHREIBUNG VOM AUTOR

Dieses Buch lädt Sie zu einer faszinierenden Reise durch die Welt der Quantenphysik ein, wo wir ihren Einfluss auf die makroskopische Welt und unseren Alltag erkunden. Wir beginnen mit der wundersamen Welt der Quantenbiologie, wo wir sehen, wie Tiere und Pflanzen die Quantenmechanik zum Überleben nutzen, und betrachten kühne Hypothesen, dass sogar unser Bewusstsein eine Quantennatur haben könnte.

Als Nächstes tauchen wir in das Wesen der Quantenmechanik ein und untersuchen ihre Grundprinzipien und verschiedenen Interpretationen, um ein tieferes Verständnis dieses Phänomens zu gewinnen. Wir untersuchen, wie verschiedene Interpretationen zu Schlussfolgerungen führen können, dass die Quantenphysik auf der Makroebene operieren könnte und die üblichen Grenzen zwischen Mikro- und Makrowelt aufhebt.

Wir untersuchen auch die Natur von Raum und Zeit, betrachten ihre Relativität und illusorische Natur sowie wie unser Gehirn unsere Wahrnehmung der Realität konstruiert. Wir berühren das Thema der Nichtlokalität, das unser übliches Verständnis von Ursache-Wirkungs-Beziehungen und Raum herausfordert und Türen zu neuen, unerforschten Möglichkeiten öffnet.

Als Nächstes betrachten wir Ideen, dass unser Gehirn möglicherweise mit Quantenbewusstsein arbeitet, und erforschen die Verbindung zwischen der Quantenwelt und unseren Gedanken und Emotionen.

Wir wenden uns dann der zunehmend populären Interpretation der Welt als Quanteninformation zu, wo Bits und Qubits zu den Bausteinen der Realität werden. Wir tauchen ein in die Welt der Quantengravitation und der entropischen Gravitation und untersuchen, wie Gravitation aus Information und Entropie entstehen kann, was eine neue Perspektive auf die fundamentalen Kräfte des Universums bietet.

Im letzten Kapitel fasse ich alle Informationen zusammen und präsentiere meine eigene Interpretation, indem ich verschiedene Ideen und Konzepte kombiniere, um ein ganzheitliches Bild der Quantenwelt und ihrer Auswirkungen auf unser Leben zu schaffen.

Ich habe versucht, dieses Buch vielfältiger und ansprechender zu gestalten als die meisten populärwissenschaftlichen Bücher, sodass es nicht nur für Spezialisten, sondern auch für alle interessant ist, die sich für die Geheimnisse des Universums interessieren und ihren Horizont erweitern möchten.

Kapitel 1: Quantenbiologie

Verborgene Kräfte

Kann eine Fliege einen 1 kg schweren Eisenziegel umwerfen, der tausende Male schwerer ist als sie selbst? Auf den ersten Blick scheint das unmöglich. Wenn der Ziegel jedoch in einem bestimmten Winkel positioniert wäre, könnte sogar eine kleine Fliege ihn umwerfen. Dies zeigt, wie wichtig nicht nur die Kraft, sondern auch das Gleichgewicht und der Angriffspunkt der Kraft sind.

Dieses einfache Beispiel öffnet den Vorhang zu einer Welt, in der nicht alles so offensichtlich ist, wie es auf den ersten Blick scheint. Eine Welt, in der winzige Kräfte zu bedeutenden Konsequenzen führen können, in der unsichtbare Einflüsse den Lauf der Dinge bestimmen.

So wie eine Fliege die Gesetze der Physik nutzen kann, um einen enormen Gewichtsvorteil zu überwinden, so nutzt ein winziger Vogel, das Rotkehlchen, verborgene Mechanismen der Quantenwelt, um seine epische Reise zu unternehmen.

Das Rotkehlchen kann ohne Karte, ohne GPS und ohne anzuhalten, um nach dem Weg zu fragen, von Nordschweden nach Südspanien fliegen. Wie es das macht, blieb lange Zeit ein Rätsel, aber eine Reihe von Experimenten in den 1950er und 1960er Jahren zeigte, dass es Signale vom Erdmagnetfeld empfängt. Dieses Phänomen ist heute als Magnetorezeption bekannt und wurde bei mehr als 50 anderen Arten gefunden.

Aber das führte nur zu einer weiteren Frage: Wie können Tiere das Erdmagnetfeld wahrnehmen?

Dies wurde zu einem der mysteriösesten ungelösten Probleme in der Biologie, und niemand ahnte, auf welchen Quantenpfad es führen würde.

Ein Deutscher namens Klaus Schulten dachte, dass vielleicht das Magnetfeld eine chemische Reaktion im Vogel verursacht, die ein biologisches Signal auslöst, das ihm sagt, wohin er fliegen soll.

Chemische Reaktionen bestimmen ständig unser Verhalten. Wenn wir unser Lieblingsessen sehen, schüttet unser Gehirn Dopamin aus und bringt uns dazu, es essen zu wollen. Wenn wir etwas Stressiges fühlen, schüttet unser Körper Cortisol aus, das eine "Kampf-oder-Flucht"-Reaktion auslöst, die unserem Körper sagt, dass etwas nicht stimmt und wir handeln müssen, um es zu beheben.

Als Schulten darüber sprach, wie er dachte, dass das Erdmagnetfeld eine chemische Reaktion verursachen könnte, erlangte er den Ruf, ein bisschen verrückt zu sein. Er war ein theoretischer Physiker und brauchte jemanden, der ihm bei der Durchführung eines Experiments half, aber niemand wollte; jeder dachte, das Erdmagnetfeld sei zu schwach, um eine chemische Reaktion zu verursachen, und sie hatten guten Grund, das zu denken.

Aber auf der grundlegendsten Ebene ist eine chemische Reaktion einfach das Brechen und Bilden von Bindungen zwischen Atomen und Molekülen. Schulten dachte, dass vielleicht das Erdmagnetfeld chemische Bindungen brechen und bilden und somit chemische Reaktionen verursachen könnte.

Warum hielten also alle anderen Wissenschaftler diese Idee für so absurd?

Alle Moleküle haben eine inhärente Ruheenergie, die als thermische Energie bezeichnet wird. Dies führt dazu, dass sie vibrieren, hüpfen und schwingen. Sie sind niemals vollständig still. Damit Moleküle also zusammenbleiben, müssen die Bindungen zwischen ihnen stärker sein als die thermische Energie. Sonst würden sie einfach auseinanderfallen.

Die Energie aus dem Erdmagnetfeld ist mehr als eine Million Mal schwächer als die thermische Energie der meisten Moleküle, geschweige denn genug, um eine chemische Bindung zu brechen. Es wäre, als würde eine Ameise versuchen, zwei Glieder einer Eisenkette zu zerbrechen.

Deshalb glaubte niemand Schulten. Wie konnte eine so dürftige Kraft diese starken chemischen Bindungen brechen?

Aber er sah es nicht aus der Sicht der rohen Gewalt. Er sah es eher als einen Balanceakt, wie im Beispiel der Fliege und des Ziegelsteins.

Die Moral dieser Geschichte ist, dass winzige Energien einen erheblichen Effekt haben können, wenn sich das System in einem extrem instabilen Zustand befindet. Schulten musste nur die chemische Version eines solchen Ziegelsteins finden. Dann wäre es möglich, dass die winzige Energie des Erdmagnetfeldes eine chemische Reaktion verursachen und den Vögeln die Richtung anzeigen könnte.

Gibt es also so etwas?

Die kurze Antwort ist ja. Die lange Antwort ist komplex und verworren, und wir werden uns in all ihrer Schönheit damit befassen.

Radikale: Eine Reise in die Quantenwelt

In der Welt der Moleküle gibt es eine faszinierende Einheit, die als Radikal bekannt ist. Stellen Sie sich ein Atom oder Molekül vor, scheinbar gewöhnlich, aber mit einer ungeraden Anzahl von Elektronen. Dieses scheinbar kleine Detail unterscheidet Radikale und verleiht ihnen einzigartige Eigenschaften, die ihr Verhalten prägen.

Um die Bedeutung von Radikalen zu entschlüsseln, müssen wir in die rätselhafte Welt des Spins eintauchen. Elektronen besitzen eine intrinsische Eigenschaft namens Spin, ein Konzept, das unser konventionelles Verständnis herausfordert. Analogien können seine wahre Natur nicht erfassen, da der Spin zum Quantenbereich gehört, wo die bekannten Regeln der klassischen Physik nicht mehr gelten.

Für unsere Zwecke werden wir uns auf das Zusammenspiel zwischen den Elektronenspins konzentrieren und nicht auf ihre intrinsische

Natur. Stellen Sie sich den Spin als eine Eigenschaft vor, die der Ladung oder Masse ähnelt, etwas, das einige Teilchen haben und andere nicht. Elektronen, die mit Spin ausgestattet sind, weisen eine subtile magnetische Qualität auf.

Hier kommt das Pauli-Ausschlussprinzip ins Spiel, ein grundlegendes Prinzip, das das Verhalten von Elektronen regelt. Dieses Prinzip schreibt vor, dass gepaarte Elektronen innerhalb eines Atoms oder Moleküls entgegengesetzte Spins haben müssen, die bequem als Spin-up und Spin-down bezeichnet werden. Wenn ein Spin-up-Elektron auf sein Spin-down-Gegenstück trifft, hebt sich ihr Magnetismus auf, was zu einem ausgeglichenen System führt.

In einem Molekül mit einer ungeraden Anzahl von Elektronen existiert jedoch ein einzelnes Elektron ohne einen Partner, der seinen Spin neutralisiert. Folglich wird das gesamte Molekül leicht magnetisch. Dies ist das Wesen eines Radikals.

Radikalpaare entstehen, wenn ein Molekül Energie ausgesetzt wird, wodurch eine chemische Bindung bricht und das Molekül in zwei Hälften zerfällt. Chemische Bindungen bestehen oft aus zwei gepaarten Elektronen. Wenn die Bindung bricht, begleitet ein Elektron jedes Fragment, was zur Bildung von zwei Radikalen führt.

Die ungerade Anzahl von Elektronen macht Radikalpaare von Natur aus instabil. Ihre Existenz ist flüchtig, da sie sich entweder rekombinieren, um das ursprüngliche Molekül wiederherzustellen, oder mit benachbarten Atomen interagieren, um neue Moleküle zu bilden.

Dieses Szenario erinnert an unsere frühere Analogie des wackeligen Ziegelsteins, der am Rande der Instabilität schwankt und dazu verdammt ist, in eine von zwei Richtungen zu fallen. Im Fall eines Radikalpaares sind die beiden Optionen unterschiedliche chemische Reaktionen.

So wie eine Fliege den Fall eines Ziegelsteins beeinflussen kann, könnte das Erdmagnetfeld ein Radikalpaar subtil in Richtung einer chemischen

Reaktion anstatt einer anderen stupsen? Und welche Rolle spielt die Quantenmechanik in diesem komplizierten Tanz?

Um diese Fragen zu beantworten, müssen wir zunächst die Faktoren verstehen, die das Schicksal eines Radikalpaares auch ohne äußere Kräfte beeinflussen. Ein Ziegelstein, der sich selbst überlassen bleibt, wird irgendwann fallen. Die Richtung seines Falls ist nicht völlig zufällig, sondern hängt von der Schwerkraft, Umweltfaktoren und vielleicht sogar subtilen Oberflächenmerkmalen ab.

In ähnlicher Weise wird das Schicksal eines Radikalpaares von verschiedenen Faktoren beeinflusst. Ein entscheidender Faktor sind die Spins der einzelnen Elektronen. Nach der Trennung können diese Spins kippen.

Denken Sie daran, dass gepaarte Elektronen entgegengesetzte Spins haben müssen. Wenn jedoch eine chemische Bindung bricht, sind die Elektronen nicht mehr streng gepaart, da sie sich in verschiedenen Molekülen befinden. Daher können sie den gleichen Spin haben, ohne gegen Regeln zu verstoßen.

Hier wird es interessant. Aufgrund des Pauli-Ausschlussprinzips kann sich das Radikalpaar nicht rekombinieren, wenn eines der einzelnen Elektronen seinen Spin umdreht, was dazu führt, dass beide Elektronen den gleichen Spin haben. Denken Sie daran, dass gepaarte Elektronen entgegengesetzte Spins haben müssen, um eine chemische Bindung zu bilden.

Im Wesentlichen führen mehr umgeklappte Elektronen zu weniger Rekombinationen, was wiederum zur Bildung von mehr neuen Molekülen führt. Somit übt der Spin der einzelnen Elektronen einen wesentlichen Einfluss auf das Ergebnis der chemischen Reaktion aus.

Aber was regelt das Umdrehen dieser einzelnen Elektronenspins?

Jetzt kommen wir zum Kern der Sache. Der Spin einzelner Elektronen wird durch einen quantenmechanischen Effekt bestimmt. In der Quantenwelt existiert Energie in diskreten Paketen oder Quanten.

Dieses Konzept widerspricht unserer Intuition, da Energie in der makroskopischen Welt kontinuierlich erscheint und reibungslos fließt.

Ein Radikalpaar ist ein Paradebeispiel für ein Quantensystem. Es hat spezifische zulässige Energieniveaus. Eines ist, wenn die einzelnen Elektronen entgegengesetzte Spins haben, ein anderes ist, wenn sie die gleichen Spins haben.

Aber es gibt noch einen weiteren entscheidenden Punkt. Die Protonen und Neutronen im Atomkern eines Atoms haben auch Spin und magnetische Eigenschaften. Dies erzeugt eine magnetische Wechselwirkung zwischen dem Kern und dem einzelnen Elektron, die sich auf die Energie des gesamten Systems auswirkt.

Jetzt befindet sich das Radikalpaar nicht mehr in einem der zulässigen Energiezustände. Es wird zu einer Überlagerung aller möglichen Zustände, und die Wahrscheinlichkeit, in welchen Zustand es "kollabiert", ändert sich im Laufe der Zeit.

Aufgrund dieser Wechselwirkung befindet sich das Radikalpaar also in einer Überlagerung zweier Zustände: Die Elektronen haben die gleichen Spins oder entgegengesetzte Spins. Und die Wahrscheinlichkeit, in welchen Zustand es übergeht, ändert sich im Laufe der Zeit.

Die Überlagerung bleibt bestehen, bis das Quantensystem mit einem anderen Atom oder Molekül interagiert. Dann „kollabiert" das Radikalpaar in einen der zulässigen Zustände und beeinflusst die chemische Reaktion.

Wir haben unseren „chemischen Ziegelstein" und die Faktoren beschrieben, die seinen „Fall" beeinflussen.

Fügen wir nun die "Fliege" hinzu - das Erdmagnetfeld.

Ohne die Diskretheit der Energie in der Quantenmechanik gäbe es die Schwingung zwischen den Spinzuständen nicht. Und es sind diese Schwingungen, die empfindlich auf das Erdmagnetfeld reagieren.

Elektronen mit Spin verhalten sich wie winzige Magnete und neigen dazu, sich entlang oder gegen ein Magnetfeld auszurichten. Selbst das schwache Magnetfeld der Erde kann diese Schwingungen beeinflussen.

Die Schwingungen ändern sich je nach Richtung des Magnetfeldes. Das macht sie zu einem idealen chemischen Kompass.

Das Erdmagnetfeld beeinflusst also die Wahrscheinlichkeit, ob ein Radikalpaar in einen Zustand mit gleichen oder entgegengesetzten Elektronenspins „kollabiert", und beeinflusst somit, wie viele Rekombinationen und Bildungen neuer Moleküle stattfinden.

Selbst das schwache Magnetfeld der Erde kann das Ergebnis einer chemischen Reaktion erheblich beeinflussen. Vielleicht hat Schultens Theorie ihre Berechtigung.

Wir haben eine Theorie, dass das Erdmagnetfeld eine chemische Reaktion verursachen kann, und einen Mechanismus, wie dies geschehen könnte. Dies ist jedoch noch kein Beweis dafür, dass dies bei Vögeln geschieht.

Wie könnte ein solcher Prozess in einem gewöhnlichen Rotkehlchen ablaufen?

Cryptochrom

Wie funktioniert dieser ganze Quantenmechanismus bei Vögeln? Bei den uns vertrauten Sinnen wie Sehen oder Hören gibt es einen Sensor, einen Nerv, der das Signal überträgt, und einen Teil des Gehirns, der es verarbeitet. Wir suchen nach etwas Ähnlichem bei Vögeln.

Wissenschaftler haben ein Protein namens Cryptochrom entdeckt. Wenn Licht in einem bestimmten Winkel darauf trifft, bildet sich ein Radikalpaar. Wir wissen bereits, dass solche Paare auf Magnetismus reagieren, daher ist Cryptochrom unser Hauptkandidat für die Rolle des "Magnetsensors".

Wenn Licht Cryptochrom aktiviert, bewegen sich Elektronen und es entsteht ein Radikalpaar. Wir haben gesehen, wie solche Paare bei Pflanzen und Bakterien sowie bei lebenden Vögeln auf Magnetismus reagieren.

Es ist großartig, dass Cryptochrom auf Magnetismus reagiert, aber um als Kompass zu funktionieren, muss es die Richtung anzeigen. Cryptochrom in den Augen von Vögeln wird nur aktiviert, wenn Licht in einem bestimmten Winkel darauf trifft.

Mit diesem Modell kann sogar eine ganze Masse von Cryptochrom-Molekülen als Kompass zur Bestimmung der Richtung verwendet werden. Cryptochrom kann mit den Geruchsrezeptoren in unserer Nase verglichen werden - es verändert sich als Reaktion auf einen Reiz, in diesem Fall Magnetismus.

Aber wie "sieht" das Gehirn diese Veränderung im Cryptochrom? Wissenschaftler glauben, dass ein Teil des Vogelgehirns namens Cluster N den Sinn der Magnetorezeption verarbeiten könnte. Dieser Bereich verarbeitet bereits einige visuelle Informationen und ist bei Vögeln, die nachts wandern, aktiver.

Eine Hypothese besagt, dass diese Vögel tagsüber das normale Sehen nutzen und nachts auf den magnetischen Sinn umschalten. Es gibt jedoch wenig Beweise, die diese Hypothese stützen.

Darüber hinaus gibt es nur wenige Zellen, die Nachrichten vom Auge an das Gehirn übermitteln können. Wir wissen also immer noch nicht, wie die Botschaft von Cryptochrom ins Gehirn gelangt.

Es gibt eine Hypothese, dass das Signal von Cryptochrom entlang desselben Nervs übertragen werden könnte wie das normale Sehvermögen bei Vögeln, aber Experimente haben dies noch nicht bestätigt.

Wir haben also einen vorgeschlagenen Mechanismus für alle drei Komponenten eines regulären Sinnes. Uns fehlen nur die Beweise, um dies vollständig zu bestätigen.

Zusammenfassend lässt sich sagen: Wir haben Beweise dafür, dass Vögel navigieren, indem sie das Erdmagnetfeld wahrnehmen, einen vorgeschlagenen Mechanismus für die Funktionsweise und Beweise für die Existenz eines Proteins, in dem dieser Mechanismus stattfindet, der in den Augen von Vögeln gefunden wurde. Dies ist noch kein Beweis dafür, dass es genau so abläuft, aber Sie müssen zugeben, es sieht ziemlich vielversprechend aus.

Quantenbiologie

Quantenprozesse erfordern typischerweise sehr spezifische Bedingungen, um zu funktionieren. Physiker untersuchen Quanteneffekte unter idealen Bedingungen, normalerweise bei Temperaturen nahe dem absoluten Nullpunkt, mit sehr teurer Ausrüstung in völliger Isolation. Daher erscheint es seltsam, dass dieselben Prozesse in der heißen, feuchten und chaotischen Welt des Lebens ablaufen könnten.

Experimente im letzten Jahrzehnt haben jedoch zunehmend Beweise dafür geliefert, dass dies tatsächlich der Fall ist.

Die Quantenbiologie ist auch deshalb interessant, weil sie Physiker und Biologen zusammenbringt.

Diese erste Episode erzählt die Geschichte, wie Pflanzen die Quantenmechanik nutzen können, um den vielleicht wichtigsten biologischen Prozess auf der Erde durchzuführen – die Photosynthese.

Die Geschichte beginnt im April 2007, als eine Gruppe von Physikern am Massachusetts Institute of Technology wissenschaftliche Arbeiten diskutierte, die sie in dieser Woche gefunden hatten. Einer der Artikel schlug vor, dass Pflanzen Mini-Quantencomputer seien. Die Gruppe brach in Gelächter aus. Die klügsten Köpfe der Welt hatten jahrzehntelang versucht, einen Quantencomputer zu entwickeln, und jetzt schlug jemand vor, dass eine dumme Pflanze sie überlistet hatte? Aber wie wir gleich sehen werden, haben sie zu Unrecht gelacht.

Lassen Sie uns zunächst darüber sprechen, warum überhaupt jemand eine solche Aussage machen würde. Pflanzen als Quantencomputer? Klingt ein bisschen weit hergeholt. Nun, um das zu verstehen, müssen wir zunächst ein sehr altes Rätsel in der Biologie verstehen. Warum ist die Photosynthese so effizient?

Leben auf der Erde ist nur durch Photosynthese möglich. Es ist die Synthese von Energie aus Licht oder Photonen. Bäume, Grünalgen, alle Arten von Pflanzen tun dies ständig und produzieren jede Sekunde über 15.000 Tonnen Biomasse. Und selbst in einem so großen Maßstab läuft die Photosynthese auf eine einfache chemische Reaktion hinaus. Eine Pflanze oder Grünalge nimmt Kohlendioxid, Wasser und Sonnenlicht auf und wandelt diese Zutaten in Zucker, Sauerstoff und nützliche Energie für den Organismus selbst um.

Sonnenlicht, wie der gesamte Prozess der Photosynthese, findet in einer Organelle innerhalb von Pflanzenzellen statt, die als Chloroplast bezeichnet wird. Im Inneren des Chloroplasten befinden sich Stapel von Scheiben, sogenannte Thylakoide, die mit winzigen grünen Pigmenten gefüllt sind, die als Chlorophyll bezeichnet werden.

Um zu verstehen, wie Sonnenlicht von einem Photon in nutzbare Energie umgewandelt wird, müssen wir uns ein wenig mit der Chemie von Chlorophyll befassen. Diese Moleküle haben ein langes Kohlenstoff- und Sauerstoff-Rückgrat mit einem großen Netzwerk aus Kohlenstoff und Stickstoff, das ein einzelnes Magnesiumatom umgibt. Dadurch hat das Magnesium ein Elektron in seiner äußeren Hülle, das sich kaum festhält.

Wenn also ein Photon auf ein Thylakoid trifft, schlägt seine Energie ein Elektron aus Magnesium heraus. Hier werden die Dinge etwas abstrakt. Normalerweise stellen wir uns dieses Magnesiumion als Ganzes vor, das eine positive Ladung trägt, weil es ein Elektron verloren hat. Aber um das alles zu verstehen, müssen wir das ein bisschen überdenken. Stellen Sie es sich eher als neutrales Magnesium vor, ein negatives Elektron und ein positives "Loch", wo früher das Elektron war. Dies wird als Exciton bezeichnet und kann Energie speichern. Diese negativen und positiven Pole lassen es wie eine Batterie funktionieren.

Aber um Energie aus Sonnenlicht zu gewinnen, muss die Pflanze dieses Exciton zum Reaktionszentrum transportieren, um einen Prozess namens Ladungstrennung durchzuführen. Dabei wird ein Elektron aus Magnesium entnommen und auf ein benachbartes Molekül übertragen, wodurch ein stabiles Molekül entsteht. Von dort aus kann der chemische Prozess der Photosynthese stattfinden.

Aber die Übertragung dieses Excitons ist der schwierigste Teil. Chloroplasten können Energie von einem Chlorophyll zum anderen übertragen, bis sie das Reaktionszentrum erreicht, aber das kann eine ziemliche Entfernung sein. Außerdem sind Chlorophylle sehr dicht gepackt. Woher weiß das Exciton also, wohin es gehen soll?

Jahrelang dachten wir, es würde zufällig von Molekül zu Molekül springen, bis es das Reaktionszentrum erreichte. Aber wenn das der Fall wäre, würden sich Exzitonen eher verirren als Photosynthese betreiben. Und das war ein Problem, denn in Wirklichkeit erfolgt die Photosynthese mit fast 100 % Effizienz. Es gehen fast null Elektronen verloren, was es effizienter macht als jede menschliche Technologie, die wir je erfunden haben. Auch die klassische Chemie konnte nicht erklären, wie ein so effizienter Prozess abläuft.

Dies ist ein altes Rätsel in der Biologie, und die Arbeit, über die MIT-Physiker lachten, legte nahe, dass Pflanzen quantenmechanische Effekte nutzen, um dies zu umgehen.

Eine der Hauptideen der Quantenmechanik ist die Überlagerung – die Idee, dass ein Teilchen an mehreren Orten gleichzeitig sein kann. In der makroskopischen Welt, an die wir gewöhnt sind, kann etwas, wenn es sich an einem Ort befindet, definitiv nicht an einem anderen sein. Aber in der Quantenwelt ist es nicht so einfach.

Ein einzelnes Teilchen kann an vielen verschiedenen Orten gleichzeitig existieren, jeder mit einer anderen Wahrscheinlichkeit. Es ist, als hätte man einen Igel in einer Kiste, und man muss erraten, wo er ist. Man könnte sagen, dass die Wahrscheinlichkeit 70 % beträgt, dass es sich beim Futter befindet, 20 %, dass es sich auf dem Bett befindet, und 10 %, dass es sich auf dem Laufrad befindet. Diese Wahrscheinlichkeiten spiegeln die Chancen wider, den Igel zu finden, wenn Sie in die Kiste schauen. Aber die Sache ist die, der Igel ist nicht wirklich an all diesen Orten gleichzeitig, er ist nur an einem, du weißt nur nicht, an welchem.

Aber Quantenteilchen sind anders. Bevor sie gemessen werden, existieren sie wirklich an all diesen Orten gleichzeitig, jeder mit einer anderen Wahrscheinlichkeit. Wir können uns diese Wahrscheinlichkeiten als ausgebreitete Welle vorstellen. An jedem Punkt im Raum gibt es eine andere Wahrscheinlichkeit, das Teilchen dort zu finden.

Der wichtige Punkt ist, dass diese Wahrscheinlichkeitswelle nur so lange intakt bleibt, bis sie beobachtet wird. Sobald es gemessen wird, kollabiert es zu einem einzelnen Teilchen an einem einzigen Ort.

Nun kann diese Idee, an vielen Orten gleichzeitig zu sein, auf die Idee ausgedehnt werden, auf vielen Wegen gleichzeitig zu sein. Wenn ein Teilchen eine Weggabelung erreicht, muss es sich nicht entscheiden, es kann in beide Richtungen gehen. Wenn ihm viele Wege präsentiert werden, kann es alle gehen, wie eine Welle, die sich durch den Raum ausbreitet.

Genau das hat der Artikel vorgeschlagen. Dass das Exciton alle möglichen Wege zum Reaktionszentrum durchläuft und so schnell dorthin gelangt. Diese Erklärung macht eigentlich Sinn, wenn man darüber nachdenkt.

Warum haben also alle Quantenphysiker gelacht?

Der größte Feind aller Quantenprozesse ist die sogenannte Dekohärenz. In der Quantensprache bedeutet „messen" nicht dasselbe wie in der Alltagssprache. Hier bedeutet „messen", dass dieses Wellenpartikel mit etwas anderem interagiert, beispielsweise mit einem anderen Partikel, Molekül oder etwas anderem. Wenn es sich in diesem Wellenzustand befindet, spricht man von einem Zustand der Kohärenz. Wenn es zusammenbricht oder gemessen wird, spricht man von Dekohärenz.

Dekohärenz ist der Grund, warum Physiker unter so spezifischen Bedingungen arbeiten müssen, wenn sie sich mit quantenmechanischen Effekten befassen.

In der makroskopischen Welt, an die wir gewöhnt sind, prallen so viele Teilchen und Moleküle herum, so viele Stöße und Vibrationen aufgrund von Hitze, dass die Kohärenz nicht lange genug anhält, um erkannt zu werden. Deshalb sehen wir in unserem Alltag keine quantenmechanischen Effekte. Es ist auch eine der größten Herausforderungen beim Bau von Quantencomputern.

Physiker entwickeln alle möglichen cleveren und teuren Methoden, um ihre kostbaren Partikel vor den Übeln der Außenwelt zu schützen, sie auf Temperaturen nahe dem absoluten Nullpunkt abzukühlen und sie in völliger Isolation zu halten. Aber bisher konnte nichts die Dekohärenz stoppen.

Und hier schlug dieser Artikel vor, dass Pflanzen die Dekohärenz bei normalen Temperaturen und Bedingungen verhindern können? Das ergab keinen Sinn.

Physiker des Massachusetts Institute of Technology schickten eines ihrer Mitglieder, Seth Lloyd, um diese Behauptung zu untersuchen. Was er zurückbrachte, überraschte alle. Werfen wir einen Blick auf den Artikel, der für so viel Aufsehen sorgte.

Experiment an der University of California, Berkeley

Mit einer Technik mit dem beeindruckenden Namen "Zweidimensionale Elektronenspektroskopie mit Fourier-Transformation" konnte eine Forschungsgruppe in die innere Struktur eines photosynthetischen Komplexes eintauchen. Sie feuerten drei aufeinanderfolgende Laserlichtpulse hinein und erzeugten ein Lichtsignal, das dann von einem Detektor aufgenommen wurde. Wenn wirklich Kohärenz zwischen den Exzitonen existierte, hätten sie Interferenzen zwischen den verschiedenen Pfaden, das sogenannte Quantenbeating, beobachten müssen.

Der Hauptautor des Papiers, Greg Engel, verbrachte ganze Nächte damit, Daten zu sammeln, und fand genau das, wonach er suchte. Das auf- und absteigende Signal ist wahrscheinlich ein Interferenzmuster, das durch Welleninterferenz entsteht. Mit anderen Worten, dieses Quantenbeating zeigte, dass das Exziton nicht einem einzigen Pfad durch das Chlorophyll-Labyrinth folgte, sondern mehrere Pfade gleichzeitig nahm. Dies war ein großer Schock für die wissenschaftliche Gemeinschaft. Physiker des Massachusetts Institute of Technology mussten zugeben, dass sie vielleicht zu früh gelacht hatten.

Seitdem wurden zahlreiche Experimente durchgeführt, die dieses Ergebnis bestätigen. Die Geschichte ist jedoch noch lange nicht vorbei. Obwohl dieses Quantenbeating weiterhin auftritt, gibt es immer noch Debatten darüber, wie es zu interpretieren ist. Einige Experten auf diesem Gebiet glauben, dass das Beating durch molekulare Schwingungen verursacht wird, nicht durch Kohärenz.

Andere glauben, dass die beobachtete Kohärenz zu klein in der Amplitude war, um von Exzitonen zu stammen. Und es gibt diejenigen, die glauben, dass dieses Quantenbeating tatsächlich ein direkter Beweis für quantenbiologische Prozesse ist. Sagen wir einfach, es gibt gemischte Gefühle.

Die Forschung ist noch im Gange, um zu verstehen, wie Photosynthese so effizient ist, und dies könnte zu Ideen für die Schaffung von Quantencomputern und anderen Technologien führen. Quantenbiologie ist ein erstaunliches Forschungsfeld, reich an Möglichkeiten, lassen Sie uns sehen, welche anderen Möglichkeiten es noch birgt.

Eine Entdeckung, die die Welt der Paläontologie erschütterte

Im Herzen von Montana, inmitten der weiten Fläche von Hell Creek, schien die Zeit vor 68 Millionen Jahren stillzustehen. Hier, an diesem Ort, an dem einst majestätische Dinosaurier umherstreiften, fanden die Überreste eines kleinen Tyrannosaurus Rex ihre letzte Ruhestätte. Über unzählige Epochen hinweg ersetzten Mineralien langsam aber sicher seine Knochen und verwandelten seinen Körper in einen stummen Zeugen einer vergangenen Ära.

Im Jahr 2000 wurde dieses Fossil dank der mühsamen Arbeit von Wissenschaftlern aus der Erde geborgen und schlug ein neues Kapitel in der Geschichte der Paläontologie auf. Ein Teil des Fundes wurde an ein Museum geschickt, wo er zum Herzstück der Ausstellung wurde, während ein anderer Teil in die Hände der Paläontologin Mary Schweitzer fiel.

Als Mary Schweitzer diese Knochenproben zum ersten Mal in den Händen hielt, bemerkte sie sofort etwas Ungewöhnliches. Sie sahen nicht aus wie die typischen Fossilien, die sie gewohnt war zu sehen. Fasziniert beschloss sie, ein Experiment durchzuführen. Schweitzer legte eine Probe in eine saure Lösung, in der Hoffnung, die Mineralien aufzulösen und die tieferen Strukturen des Knochens freizulegen.

Ein paar Tage später, als sich die Mineralien auflösten, eröffnete sich ihr ein erstaunliches Bild. Anstelle der erwarteten Leere sah sie eine flexible, faserige Substanz, die auffallend Blutgefäßen und Kollagen ähnelte - einem starken Bindegewebe, das ein integraler Bestandteil lebender Knochen ist.

Diese Entdeckung war so unerwartet, dass sie schwer zu begreifen war. Bis zu diesem Zeitpunkt glaubte die Wissenschaft, dass Weichteile nicht Millionen von Jahren erhalten bleiben könnten. Sie hätten sich kurz nach dem Tod des Organismus zersetzen müssen. Aber hier waren sie, vor Mary Schweitzers Augen - die Weichteile eines Dinosauriers, 68 Millionen Jahre lang konserviert.

Natürlich löste eine solch sensationelle Entdeckung eine Welle der Skepsis in der paläontologischen Gemeinschaft aus. Viele Wissenschaftler konnten nicht glauben, dass Weichteile so lange erhalten bleiben konnten. Um Zweifel auszuräumen, führte Schweitzer ein weiteres Experiment durch. Sie tauchte eine Kollagenprobe in ein Enzym namens Kollagenase, das Kollagen spezifisch abbaut. Und das Unglaubliche geschah - das Kollagen, das 68 Millionen Jahre im Boden gelegen hatte, löste sich in nur einer halben Stunde auf.

Dies war der unbestreitbare Beweis dafür, dass die Weichteile des Dinosauriers tatsächlich erhalten geblieben waren. Aber wie ist das möglich? Einige Wissenschaftler haben vorgeschlagen, dass die Antwort in der Quantenphysik liegen könnte. Aber was genau meinten sie damit?

Enzyme und Quantenphysik

Um den Zusammenhang zwischen Enzymen und Quantenphysik zu verstehen, müssen wir zunächst verstehen, wie Enzyme funktionieren. Sie sind biologische Katalysatoren, d. h. Substanzen, die chemische Reaktionen in Organismen beschleunigen. Zum Beispiel beschleunigt das Enzym Carboanhydrase die Umwandlung von Kohlendioxid in Kohlensäure um das Millionenfache.

Die klassische Mechanik bietet eine Erklärung für die Arbeit von Enzymen durch das Konzept der Bindung des Übergangszustands. Aber einige Reaktionen, insbesondere solche, die bei sehr niedrigen Temperaturen ablaufen, passen nicht in den Rahmen klassischer Modelle. Und hier kommt die Quantenphysik ins Spiel.

1966 machten Forscher an der University of Pennsylvania eine Entdeckung, die klassische Modelle der Biochemie in Frage stellte. Sie untersuchten photosynthetische Bakterien, die Licht nutzen, um das Protein Cytochrom zu oxidieren. Unter Einwirkung von Licht gibt Cytochrom ein Elektron an andere Moleküle ab und ermöglicht so den Prozess der Photosynthese.

Diese Reaktion war bekanntermaßen temperaturabhängig: Höhere Temperaturen beschleunigten sie, niedrigere Temperaturen verlangsamten sie. Die Zugabe eines Enzyms beschleunigte die Reaktion ebenfalls, aber die Gesamtabhängigkeit von der Temperatur blieb bestehen.

Das Interessanteste war jedoch, dass diese Reaktion auch bei extrem niedrigen Temperaturen, weit unter null Grad Celsius, stattfand. Dies widersprach den klassischen Vorstellungen, wonach die Reaktion bei solch niedrigen Temperaturen praktisch zum Erliegen kommen sollte.

Um dieses Rätsel zu lösen, schufen die Wissenschaftler eine spezielle Anlage, die es ihnen ermöglichte, Bakterien mit einem ultraschnellen Hochenergielaser zu bestrahlen, die Arbeit von Enzymen zu stimulieren und die Reaktion auszulösen.

Die Ergebnisse des Experiments waren beeindruckend. Mit sinkender Temperatur verlangsamte sich die Reaktionsgeschwindigkeit zwar, aber bei Erreichen von -173 °C hörte sie auf zu sinken und blieb auch bei weiterer Abkühlung bis auf -238 °C konstant. Das bedeutete, dass die Reaktion immer noch eine Energiebarriere überwand, aber nach der klassischen Mechanik konnte das Enzym diese Barriere bei so niedrigen Temperaturen nicht so stark senken.

In ihrem Artikel schlugen die Wissenschaftler vor, dass Enzyme die Energiebarriere nicht einfach senken, sondern es den Teilchen ermöglichen, durch sie hindurch zu "tunneln". Dies war der erste experimentelle Beweis dafür, dass Quantentunneln eine Rolle bei temperaturabhängigen biologischen Prozessen spielen könnte.

Quantentunneln

Um zu verstehen, was Tunneln ist, nehmen wir ein alltägliches klassisches Szenario, wie den Versuch, ein Objekt über einen Hügel zu rollen. Wenn das Objekt nicht genügend Energie erhält, um über den Hügel zu gelangen, rollt es einfach zurück. Es spielt keine Rolle, wie oft oder wie lange man es versucht, wenn es nicht genügend Energie hat, wird es niemals über diesen Hügel kommen.

In der Quantenwelt liegen die Dinge anders. Wenn ein Teilchen nicht genügend Energie hat, um über eine Barriere zu springen, kann es manchmal trotzdem direkt auf die andere Seite gelangen. Dies geschieht aufgrund eines Phänomens, das als Welle-Teilchen-Dualität bezeichnet wird. Sehen Sie, in der Quantenwelt verhalten sich Teilchen manchmal wie Teilchen, manchmal aber auch wie Wellen. Diese Welle repräsentiert die Wahrscheinlichkeit, dass sie sich an einem bestimmten Ort befinden. Stellen Sie sich also vor, dass sich anstelle des Teilchens, das sich auf die Barriere zubewegt, eine Wahrscheinlichkeitswelle bewegt.

Wenn diese Welle nun auf die Barriere trifft, sickert ein winziger Teil der Welle durch sie hindurch, im Gegensatz zu dem, was ein Teilchen tun würde, das zu 100 % reflektiert würde. Da diese Welle nun die Wahrscheinlichkeit darstellt, dass sich das Elektron dort befindet, besteht eine winzige Wahrscheinlichkeit, dass das Elektron dort landet.

Manchmal also, selbst wenn ein Quantenteilchen nicht genügend Energie hat, um über eine Barriere zu springen, können wir es aufgrund seiner dualen Wellennatur auf der anderen Seite finden.

Die Ergebnisse dieses Experiments in den 60er Jahren legten eine Erklärung dafür nahe, wie sich Elektronen zumindest bei extrem niedrigen Temperaturen eher wie Wellen als wie Teilchen verhalten.

Elektronen sind sehr klein, wodurch sie anfälliger für Tunneln sind als größere Teilchen wie Protonen oder Neutronen. Aber etwa ein Drittel der Enzyme arbeiten, indem sie den Transfer von Wasserstoffatomen erleichtern, die hauptsächlich Protonen sind. Die nächste Aufgabe für Quantenbiologen bestand also darin, herauszufinden, ob auch Wasserstoff tunneln kann.

Kinetischer Isotopeneffekt

1989 machte sich eine Gruppe von Forschern unter der Leitung von Judith Klinman aus Berkeley daran, dies durch den sogenannten kinetischen Isotopeneffekt zu beweisen.

Atome erhalten ihre Identität aufgrund der Anzahl der Protonen, die sie haben. Wasserstoff hat ein Proton, Kohlenstoff sechs, Neon zehn. Aber Atome können eine unterschiedliche Anzahl von Neutronen in ihrem Kern haben, die wir Isotope dieses Atoms nennen.

Die interessanten chemischen Eigenschaften eines Elements ergeben sich in der Regel aus seinen Elektronen. Eine Änderung der Neutronenzahl ändert seine Reaktivität nicht wesentlich, aber sein Gewicht und seine Reaktionsgeschwindigkeit, daher der kinetische Isotopeneffekt.

Wenn alle anderen Bedingungen gleich bleiben, sollte der Ersatz eines leichteren Wasserstoffisotops durch ein schwereres zu einer langsameren Reaktionsgeschwindigkeit führen. Aber aus Sicht der Quantenphysik ist die Fähigkeit eines Wasserstoffatoms zum Tunneln stark reduziert, sobald man ein weiteres Neutron hinzufügt.

Für Klinman sollten schwerere Wasserstoffisotope viel langsamer reagieren als erwartet. Und genau das beobachtete ihre Gruppe auch. Protium wurde viel schneller katalysiert als seine schwereren Isotope, was nach Ansicht dieser Forschungsgruppe darauf hindeutet, dass es sich eher wie eine Welle als wie ein Teilchen verhält und daher tunnelt.

Dieses Experiment wurde nun bei 25 °C, also etwa Raumtemperatur, durchgeführt, was eine Art Schlüsselpunkt ist. Das Leben findet bei warmen Temperaturen aus Sicht der Quantenphysik statt. Je höher die Temperatur, desto unwahrscheinlicher ist es, dass die Quantenmechanik irgendeinen Effekt hat. Das nennt man Quantendekohärenz.

Quantendekohärenz

In späteren Experimenten, die 2004 veröffentlicht wurden, verwendeten Klinman und ihre Kollegen dasselbe Enzym und dieselbe Reaktion und fanden heraus, dass sich die Reaktion oberhalb von 30 °C so verhält, wie es die klassische Mechanik vorhersagt. Es besteht keine Notwendigkeit für Quantenmechanik.

Also, bei Temperaturen unter null, wo Quantentunneln von Enzyn bemerkbar ist, ist es zu kalt für Leben, also spielt es eine Rolle? Nun, natürlich tut es das. Aber anstatt dem quantenbiologischen Modell der Enzyme einfach meinen Segen zu geben, möchte ich eine differenziertere Schlussfolgerung ziehen.

Wenn wir zu Mary Schweitzer und dem Tyrannosaurus Rex-Kollagen zurückkehren, sehen wir das Enzym in Aktion. Kollagenase katalysierte das Aufbrechen chemischer Bindungen, die zig Millionen Jahre lang stark blieben. Bei der Temperatur und den beteiligten Enzymen verhinderte die Quantendekohärenz wahrscheinlich jede Beteiligung des Tunnelns, sodass unser Dinosauriermodell wahrscheinlich kein Quantentunneln verwendet.

Um diesem Modell Anerkennung zu zollen, sollte angemerkt werden, dass es bei der Untersuchung von Enzymen viele unbeantwortete Fragen gibt. Und vielleicht sind diese ersten Experimente das dünne Ende des Keils, und die Quantenbiologie wird uns eines Tages helfen, sie zu beantworten.

Diese Entdeckung, die klassischen Modellen widersprach, war der erste Schritt in die spannende Welt der Quantenbiologie. Sie brachte Wissenschaftler dazu, zu denken, dass Quanteneffekte vielleicht eine viel größere Rolle in lebenden Organismen spielen als bisher angenommen. Vielleicht funktioniert sogar unser Gehirn mit seiner unglaublichen Komplexität und Fähigkeit zum Bewusstsein dank Quantenprozessen. Aber darauf werden wir in den folgenden Abschnitten zurückkommen. Lassen Sie uns zunächst tiefer in die Quantenphysik selbst eintauchen und ihre verschiedenen Interpretationen betrachten.

Kapitel 2: Quantenmechanik - Was ist das?

Die Schrödinger-Gleichung: Schönheit und Bedeutung

$$i\hbar \frac{\partial \Psi}{\partial t} = \hat{H}\Psi$$

An oberster Stelle steht eine der wichtigsten Gleichungen aller Zeiten - die Schrödinger-Wellengleichung. Lassen Sie mich erklären, warum sie so schön ist.

Erstens gilt sie als ziemlich einfach. In der Welt der Physik sind einfache und elegante Formeln in der Regel die wichtigsten. Sogar Einstein hatte die feste Überzeugung, dass die Welt und das Universum mit ein paar... schönen Formeln beschrieben werden könnten. Eine gut konstruierte Theorie ist in der Regel auch optisch ansprechend, was die Gleichungen betrifft.

Wie Einstein selbst sagte: "Es kann kaum geleugnet werden, dass das höchste Ziel jeder Theorie darin besteht, die irreduziblen Grundelemente so einfach und so wenig wie möglich zu machen, ohne auf die adäquate Darstellung eines einzigen Erfahrungsdatums verzichten zu müssen."

Stellen Sie es sich so vor. Es ist, als ob Sie Ihre Gefühle ausdrücken wollen. Manchmal denken Sie nicht allzu viel darüber nach, Ihre Worte purzeln einfach heraus und Sie erzeugen eine wirre Kaskade von Wörtern. Ihr Zuhörer kann zwar immer noch verstehen, was Sie sagen, aber es ist ziemlich schwierig, Ihren Gedanken zu folgen. Aber wenn Sie Ihre Gedanken auf Papier schreiben, finden Sie wahrscheinlich einen besseren Weg, sie auszudrücken. Einen effizienteren und prägnanteren Weg. Das gilt auch für physikalische Theorien. Wir können gute Theorien haben, aber einige von ihnen sind einfach eleganter als andere.

Natürlich ist es harte Arbeit, und wir sollten immer unsere wissenschaftliche Unfähigkeit akzeptieren, Dinge zu vereinfachen. Aber neben ihrer formalen Schönheit sagt uns die Schrödinger-Gleichung noch etwas mehr. Sie ist der Ausgangspunkt für das Verständnis der Quantenmechanik. Was ist das?

Zunächst einmal meinen wir mit "sehr kleinen Dingen" Dinge, die in der realen Welt existieren, aber auf atomarer Ebene. Wir sprechen von Atomen und subatomaren Teilchen. Man könnte also sagen, dass sich die Quantenmechanik mit der atomaren und subatomaren Welt beschäftigt. Und wenn man viele Teilchen nimmt, erhält man die makroskopische Welt.

Die makroskopische Welt ist die Welt, an die wir gewöhnt sind. Im Alltag haben wir es mit makroskopischen Objekten zu tun. Ihre Kaffeemaschine ist ein makroskopisches Objekt. Sie besteht jedoch aus atomaren und subatomaren Teilchen.

Die makroskopische Welt wird durch die klassische Physik gut beschrieben. Newton zum Beispiel hat uns einige Gesetze gegeben, die gut zu dem passen, was wir im Alltag beobachten. Die klassische Physik kann uns helfen zu verstehen, warum sich die Erde um die Sonne dreht, warum wir Jahreszeiten haben, wie Flugzeuge fliegen und vieles mehr. Sie ist also wirklich nützlich.

Aber irgendwann, im späten 19. und frühen 20. Jahrhundert, erkannten die Wissenschaftler, dass etwas fehlte. Als sie beschlossen, die atomare und subatomare Welt zu untersuchen, stellten sie fest, dass die klassische Physik nicht mehr funktionierte. Sie brauchten einen anderen Ansatz. Das war ein riesiges Problem, das gelöst werden musste. Tatsächlich hört die Physik auf, Physik zu sein, wenn sie die Realität nicht beschreiben kann.

Der Wunsch, die Diskrepanzen zwischen beobachteten Phänomenen und der klassischen Theorie zu lösen, führte zu zwei großen Revolutionen in der Physik, die einen Wandel im ursprünglichen wissenschaftlichen Paradigma bewirkten: die Relativitätstheorie und die Entwicklung der Quantenmechanik.

Das wichtigste Ergebnis ist, dass sich Licht in mancher Hinsicht wie Teilchen und in anderer Hinsicht wie Wellen verhält. Das klingt ziemlich seltsam! Und genau das dachten auch die Physiker, als sie sich zum ersten Mal der unbekannten Welt der Quantenmechanik näherten.

Welle-Teilchen-Dualität

Lassen Sie mich das genauer erklären. Materie, die "Substanz" des Universums, besteht aus Teilchen wie Elektronen und Atomen. Sie zeigt aber auch ein wellenartiges Verhalten. Dieses Phänomen wurde nicht nur für Elementarteilchen, sondern auch für zusammengesetzte Teilchen wie Atome und sogar Moleküle bestätigt. Bei makroskopischen Teilchen können aufgrund ihrer extrem kurzen Wellenlänge Welleneigenschaften in der Regel nicht nachgewiesen werden.

Obwohl die Verwendung der Welle-Teilchen-Dualität in der Physik gut etabliert ist, wurde ihre Bedeutung oder Interpretation nicht zufriedenstellend gelöst. Bohr nannte es das "Dualitätsparadoxon" und betrachtete es als eine grundlegende oder metaphysische Tatsache der Natur. Ein bestimmter Teilchentyp zeigt manchmal ein wellenartiges und manchmal ein teilchenartiges Verhalten, je nach Art des Experiments.

Eines der berühmtesten Experimente, das es Wissenschaftlern ermöglichte, die duale Natur der Materie zu verstehen, war das Doppelspalt-Experiment. Es zeigt auf unglaubliche Weise, dass winzige Materieteilchen wellenartige Eigenschaften haben, und legt nahe, dass der bloße Akt der Beobachtung eines Teilchens einen dramatischen Einfluss auf sein Verhalten hat.

Stellen Sie sich zunächst eine Wand mit zwei Schlitzen vor. Stellen Sie sich vor, Sie werfen Tennisbälle gegen die Wand. Einige werden von der Wand abprallen, aber einige werden durch die Schlitze gehen. Wenn sich hinter der ersten Wand eine weitere Wand befindet, werden die Tennisbälle, die durch die Schlitze gegangen sind, auf diese treffen. Wenn Sie alle Stellen markieren, an denen die Bälle auf die zweite Wand treffen, was würden Sie erwarten? Richtig. Zwei Streifen von Markierungen, die ungefähr die Form der Schlitze haben.

Stellen Sie sich nun Licht in der Nähe der Wand mit zwei Schlitzen vor. Wenn eine Welle durch beide Schlitze geht, teilt sie sich im Wesentlichen in zwei neue Wellen auf, die sich jeweils von den Schlitzen aus ausbreiten. Diese beiden Wellen interagieren miteinander, und man sagt, dass sie sich gegenseitig stören. Die Interferenz kann destruktiv oder konstruktiv sein, und im ersten Fall löschen sie sich gegenseitig aus. Im zweiten Fall verstärken sie sich gegenseitig und erzeugen Stellen mit dem hellsten Licht. Wenn das Licht also auf die zweite Wand trifft, die hinter der ersten platziert ist, sehen Sie ein Streifenmuster, das als Interferenzmuster bezeichnet wird.

Wenn Sie nun dasselbe mit einem Elektronenstrahl machen, erwarten Sie, dass Sie zwei rechteckige Streifen auf der zweiten Wand sehen, genau wie bei den Tennisbällen, weil es sich um Teilchen handelt. Aber in Wirklichkeit sehen Sie, dass die Stellen, an denen die Elektronen auftreffen, das Interferenzmuster der Welle nachbilden (Abb. 1).

Wie Sie sehen, zeigt dieses Experiment, dass das, was wir "Teilchen" nennen, wie z. B. Elektronen, irgendwie die Eigenschaften von Teilchen und Wellen in sich vereint. Und das ist die wahre Essenz der Quantenwelt.

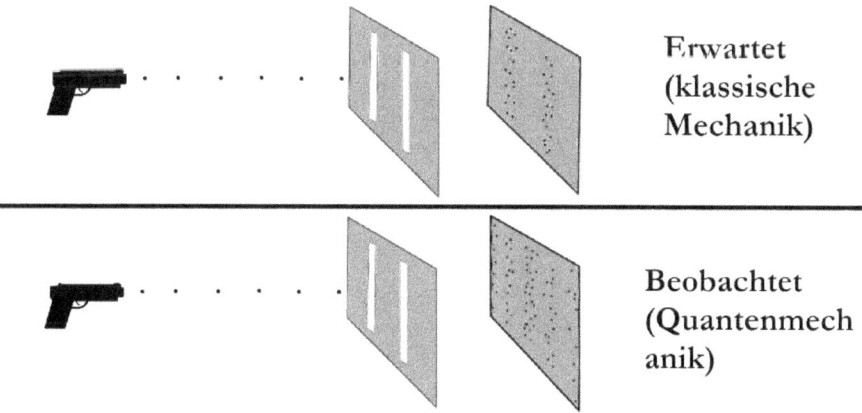

Abbildung 1. Dieses Bild veranschaulicht den grundlegenden Unterschied zwischen den Vorhersagen der klassischen Mechanik und

den beobachteten Ergebnissen in der Quantenwelt, wie sie im ikonischen Doppelspalt-Experiment gezeigt werden.

- Oben: Das "erwartete" Ergebnis, basierend auf der klassischen Physik. Wenn Teilchen einfach winzige Kugeln wären, würden sich beim Abschuss auf eine Barriere mit zwei Schlitzen zwei getrennte Bänder auf dem Detektorschirm bilden, die den durch jeden Schlitz tretenden Teilchen entsprechen.
- Unten: Das "beobachtete" Ergebnis in der Quantenwelt. Wenn Teilchen wie Elektronen oder Photonen auf die Doppelspalte gerichtet werden, zeigen sie ein wellenartiges Verhalten und erzeugen ein Interferenzmuster auf dem Schirm. Dieses Muster mit abwechselnd hellen und dunklen Bändern entsteht durch die Wellennatur der Teilchen, die sich selbst stören, selbst wenn sie einzeln gesendet werden.

Im Grunde kann alles beschrieben oder mit der sogenannten Wellenfunktion in Verbindung gebracht werden. In der Physik bezeichnen wir die Wellenfunktion üblicherweise mit dem griechischen Buchstaben "Psi": ψ. Und wenn Sie sich erinnern, taucht die Psi-Funktion in der Schrödinger-Gleichung auf.

In der Quantenmechanik ist die Schrödinger-Gleichung die grundlegende Gleichung, die die zeitliche Entwicklung des Zustands eines Systems, wie z. B. eines Teilchens, Atoms oder Moleküls, bestimmt.

Wenn es um die Quantenmechanik geht, ist die Intuition nicht mehr vorhanden. Wenn Sie zum Beispiel einen Ball in der Hand halten, werden Sie feststellen, dass er aufgrund seines Gewichts eine bestimmte Masse hat. Sie können sein Gewicht fühlen, und wenn Sie etwas Schwereres aufheben, werden Sie das auch bemerken. Das ist einfach etwas sehr Intuitives, und die Welt der klassischen Physik ist auf dieser Art von Intuition aufgebaut.

Wenn es jedoch um die Quantenphysik geht, werden die Dinge komplizierter, und wir stellen bald fest, dass wir nicht genau vorhersagen können, was zum Beispiel mit der Bewegung des Balls passieren wird. Oder wir können nicht genau sagen, ob eine Katze zum Beispiel schwarz oder weiß ist.

Quantenrealität und Messung

Laut der Quantenmechanik hat die Welt um uns herum keine klar definierten Eigenschaften, bis wir sie messen. Stellen Sie sich die Realität als eine Reihe von Möglichkeiten vor, von denen jede eine bestimmte Wahrscheinlichkeit hat, einzutreten. Wenn wir eine Messung vornehmen, wählen wir eine dieser Möglichkeiten aus, und sie wird zur Realität.

Betrachten wir das Beispiel einer Katze. Sie wissen, dass Sie eine Katze haben, aber Sie kennen ihre Farbe nicht. Die Quantenmechanik besagt, dass der einzige Weg, die Farbe der Katze herauszufinden, darin besteht, sie zu "messen". Dies geschieht mit speziellen mathematischen Werkzeugen, die auf den "Zustand" der Katze angewendet werden. Das Ergebnis der Messung könnte schwarz, weiß oder jede andere Farbe sein. Wenn wir das Experiment viele Male wiederholen, erhalten wir eine Wahrscheinlichkeitsverteilung der Farben, und die wahre Farbe der Katze wird am häufigsten auftreten.

Die Quantenmechanik muss auch die uns vertraute Welt erklären. Wenn wir sehen, dass die Katze weiß ist, dann sollten Quantenmessungen meist das Ergebnis "weiß" liefern.

Die Quantenmechanik widerspricht oft unserer Intuition, weil sie ein Verhalten beschreibt, das sich stark von dem unterscheidet, was wir im Großen beobachten. Zum Beispiel besagt Heisenbergs Unschärferelation, dass wir nicht gleichzeitig die genaue Position und Geschwindigkeit eines Teilchens kennen können.

Ein weiteres interessantes Phänomen ist die Quantenverschränkung. Wenn zwei Teilchen verschränkt sind, dann beeinflusst die Messung eines von ihnen sofort den Zustand des anderen, auch wenn sie weit voneinander entfernt sind, und dies geschieht schneller als die Lichtgeschwindigkeit, was nach den Gesetzen der klassischen Physik unmöglich ist.

Probabilistische Beschreibung der Natur

Die Quantenmechanik lehrt uns eine entscheidende Lektion über die Natur: Ihre Beschreibung ist von Natur aus probabilistisch. Vor der Quantenmechanik waren wir es gewohnt zu denken, dass die Welt von bestimmten Gesetzen regiert wird, die präzise Ergebnisse hervorbringen. Man führt eine Handlung aus, man erhält ein präzises Ergebnis, und jede Handlung wird von einer scheinbar vorhersehbaren Reaktion begleitet.

Die Natur funktioniert jedoch nicht so. Die Wahrscheinlichkeit eines Ereignisses, z. B. wo ein Teilchen im Doppelspaltexperiment auf dem Schirm erscheint, hängt mit dem Quadrat des Absolutbetrags der Amplitude seiner Wellenfunktion zusammen. Wir können zum Beispiel nur sagen, dass wir eine 80%ige Chance haben, das Teilchen in einem bestimmten Intervall von Positionen zu finden, aber wir werden erst wissen, wo es sich befindet, wenn wir es messen.

Eine weitere wichtige Erkenntnis der Quantenmechanik ist, dass es unmöglich ist, gleichzeitig die Werte aller Eigenschaften eines Systems zu kennen. Dies hängt natürlich mit der Unschärferelation zusammen, die wir bereits erörtert haben.

Und nicht zuletzt: Wir wissen, dass die Quantenmechanik eine gute Theorie ist, denn obwohl sie "sehr kleine Dinge" untersucht, nähert sie sich im Falle großer Systeme der klassischen Beschreibung der Natur sehr gut an.

Schlussfolgerungen

Fassen wir also die wichtigsten Punkte der Quantenmechanik zusammen:

- **Superposition:** Ein Teilchen existiert nicht an einem bestimmten Ort, sondern in einer "Welle der Wahrscheinlichkeit", als ob es über den Raum verschmiert wäre. Erst bei der Interaktion mit einem anderen Objekt

"wählt" es einen der möglichen Orte, an dem es detektiert wird. Dieses Phänomen wird als Superposition bezeichnet.
- **Verschränkung:** Zwei Teilchen, die einmal interagiert haben, bleiben verbunden, wie durch einen unsichtbaren Faden. Die Änderung des Zustands des einen beeinflusst sofort den Zustand des anderen, auch wenn sie durch große Entfernungen getrennt sind. Diese "spukhafte Fernwirkung" widerspricht der klassischen Physik, in der sich Informationen nicht schneller als das Licht ausbreiten können.

Um diese unglaublichen Phänomene irgendwie zu begreifen, schaffen Wissenschaftler Interpretationen der Quantenmechanik. Sie helfen, über Formeln hinauszugehen und sich vorzustellen, was wirklich geschieht. Jede Interpretation bietet ihre eigene Perspektive auf die Quantenwelt, und keine von ihnen ist bisher allgemein akzeptiert. Lassen Sie uns also einige von ihnen erkunden.

Kopenhagener Interpretation

Was ich zuvor geschrieben habe, war eine Beschreibung der Kopenhagener Interpretation, die bis heute die gängigste Art ist, die Quantenmechanik zu verstehen. Aber lassen Sie mich noch einmal darüber schreiben, um zu sehen, wie sie sich von den folgenden Interpretationen unterscheiden könnte:

Stellen Sie sich die Quantenwelt als ein Würfelspiel vor, bei dem das Ergebnis jedes Wurfs nicht durch die Gesetze der Physik, sondern durch reinen Zufall bestimmt wird. Das ist die Essenz der Kopenhagener Interpretation - der am weitesten verbreiteten, aber bei weitem nicht fehlerfreien Sichtweise der Quantenmechanik.

In dieser Welt haben Teilchen keine bestimmten Eigenschaften wie Position oder Impuls, bis wir sie betrachten. Sie existieren in einem seltsamen Zustand der Superposition, als ob sie über alle möglichen Zustände gleichzeitig verschmiert wären. Erst der Akt der Beobachtung zwingt sie, einen bestimmten Zustand zu "wählen", und dieser Prozess wird als Kollaps der Wellenfunktion bezeichnet.

Die Wellenfunktion ist ein mathematisches Werkzeug, das alle möglichen Zustände eines Quantensystems und ihre Wahrscheinlichkeiten beschreibt. Aber was ist "Beobachtung"? Und was genau verursacht den Kollaps der Wellenfunktion? Die Kopenhagener Interpretation gibt keine klaren Antworten auf diese Fragen.

Dies wird besonders problematisch, wenn wir es mit großen Systemen zu tun haben, die aus vielen Teilchen bestehen. Wo liegt die Grenze zwischen der Quanten- und der klassischen Welt? Und warum existieren wir selbst, die wir Teil dieser Welt sind, nicht in einer Überlagerung von Zuständen?

Experimente wie der Quantenradierer mit verzögerter Auswahl verschärfen diese Fragen noch weiter. Sie zeigen, dass Quantensysteme mit anderen Systemen interagieren können, ohne ihre Superposition zu zerstören. Dies stellt die Rolle des Beobachters in Frage und lässt einen fragen, ob es tiefere Mechanismen gibt, die die Quantenwelt regieren.

Die Kopenhagener Interpretation lässt trotz ihrer Popularität viele Rätsel offen. Sie erklärt nicht, wie und warum der Kollaps der Wellenfunktion stattfindet und was Beobachtung wirklich ist. Dies öffnet die Tür für andere Interpretationen, die versuchen, diese Lücken zu füllen und ein vollständigeres Verständnis der Quantenrealität zu bieten.

Objektive Kollaps-Theorien: Kollaps ohne Beobachter

Stellen Sie sich die Wellenfunktion wie eine Seifenblase vor, die von selbst platzen kann, ohne dass eine Nadel nötig ist. Das ist die Essenz der objektiven Kollaps-Theorien - eine alternative Sichtweise der Quantenmechanik, die die Notwendigkeit eines Beobachters für den Kollaps der Wellenfunktion ablehnt.

In diesen Theorien hat jedes Teilchen eine gewisse, wenn auch sehr geringe Wahrscheinlichkeit, spontan zu "platzen" - also von einer Überlagerung von Zuständen in einen bestimmten Zustand überzugehen. Je mehr Teilchen in einem System verschränkt sind, desto höher ist die Wahrscheinlichkeit eines solchen spontanen Kollapses.

Das erklärt, warum sich große Objekte, die aus Billionen von Teilchen bestehen, eher klassisch als quantenmechanisch verhalten. Sie kollabieren einfach zu schnell, als dass wir ihre Überlagerung bemerken könnten.

Andere Theorien verknüpfen den Kollaps der Wellenfunktion mit der Schwerkraft. Sie legen nahe, dass die Überlagerung von Zuständen eine gewisse "Spannung" im Gefüge der Raumzeit erzeugt, und je größer diese Spannung ist, desto höher ist die Wahrscheinlichkeit eines Kollapses.

Objektive Kollaps-Theorien lösen das Beobachterproblem, aber sie führen auch Änderungen an der Quantenmechanik selbst ein. Sie sagen Abweichungen von den Standard-Quantengleichungen voraus, die in zukünftigen Experimenten möglicherweise nachweisbar sind.

EPR-Paradoxon und Retrokausalität: Zeitreisen auf Quantenebene

Stellen Sie sich zwei verschränkte Teilchen vor, die durch eine große Entfernung voneinander getrennt sind. Wenn wir den Spin eines von ihnen messen, kennen wir sofort den Spin des anderen, unabhängig von der Entfernung zwischen ihnen. Dieses Phänomen, bekannt als "spukhafte Fernwirkung", widerspricht Einsteins Relativitätstheorie, die die Übertragung von Informationen schneller als das Licht verbietet.

Um dieses Paradoxon zu lösen, wenden sich einige Physiker dem Konzept der Retrokausalität zu - der Idee, dass Informationen nicht nur vorwärts, sondern auch rückwärts in der Zeit reisen können.

In dieser seltsamen Welt können Teilchen von zukünftigen Messungen "wissen" und ihre Anfangszustände entsprechend anpassen. Dadurch wird die sofortige Übertragung von Informationen vermieden und die Kausalität gewahrt, allerdings auf Kosten der Einführung von Zeitreisen auf Quantenebene.

Eine solche Interpretation ist die Transaktionsinterpretation, bei der Wellenfunktionen sowohl vorwärts als auch rückwärts in der Zeit reisen und eine Art "Dialog" zwischen Vergangenheit und Zukunft schaffen.

Eine andere ist der Superdeterminismus, der behauptet, dass alles im Universum, einschließlich unserer Handlungen und Entscheidungen, von Anfang an vorherbestimmt war. In dieser Sichtweise ist der freie Wille eine Illusion, und die Quantenmechanik spiegelt lediglich diesen tiefen Determinismus wider.

QBismus: Quantenmechanik als persönliche Reise

Stellen Sie sich vor, dass die Quantenwelt keine objektive Realität ist, sondern vielmehr ein Spiegelbild Ihrer eigenen Überzeugungen und Erwartungen. Das ist die Essenz des QBismus oder Quanten-Bayesianismus, einer Interpretation, die den Beobachter in den Mittelpunkt der Quantenmechanik stellt.

Im QBismus beschreibt die Wellenfunktion nicht den objektiven Zustand eines Systems, sondern nur Ihre subjektiven Überzeugungen über seine möglichen Zustände. Jedes Mal, wenn Sie eine Messung durchführen, aktualisieren Sie Ihre Überzeugungen, als ob Sie eine Wette auf ein Pferderennen platzieren würden.

Der Kollaps der Wellenfunktion ist in dieser Sichtweise kein mystischer Prozess, sondern einfach eine Aktualisierung Ihres Wissens über das System. Verschiedene Beobachter können unterschiedliche Überzeugungen haben, und daher können ihre "Realitäten" unterschiedlich sein.

Der QBismus betont die Rolle von Information und Wissen in der Quantenmechanik. Er bietet eine neue Perspektive auf die Messung als einen Prozess des Lernens und nicht des Entdeckens einer objektiven Wahrheit.

Diese Interpretation wirft jedoch auch viele Fragen auf. Wenn die Realität subjektiv ist, was ist dann objektiv? Und führt der QBismus nicht zu einem extremen Relativismus, bei dem jeder seine eigene Wahrheit hat?

Viele Welten: Unendlichkeit paralleler Realitäten

Stellen Sie sich vor, dass sich jedes Mal, wenn Sie eine Entscheidung treffen, das Universum in zwei Kopien aufspaltet, von denen jede eines der möglichen Ergebnisse realisiert. Das ist die Essenz der Viele-Welten-Interpretation - eine der kühnsten und umstrittensten Ideen in der Quantenmechanik.

In dieser Sichtweise kollabiert die Wellenfunktion niemals. Stattdessen treten alle möglichen Ergebnisse einer Quantenmessung in verschiedenen parallelen Universen auf. Wir beobachten nur ein Ergebnis, weil wir uns selbst in einem dieser Universen befinden.

Die Viele-Welten-Interpretation bietet eine elegante Lösung für das Problem der Messung und des Kollapses der Wellenfunktion. Sie eliminiert auch die Rolle des Beobachters, da alle möglichen Ergebnisse gleichermaßen real sind.

Diese Interpretation hat jedoch auch ihre Schwächen. Sie führt eine unendliche Anzahl unbeobachtbarer Universen ein, was Fragen über ihre physische Realität und die Möglichkeit der Interaktion zwischen ihnen aufwirft. Außerdem erklärt sie nicht, warum wir die spezifischen Wahrscheinlichkeiten beobachten, die von der Quantenmechanik vorhergesagt werden.

Führungswelle

Stellen Sie sich vor, dass Quantenteilchen winzige Boote sind, die auf den Wellen eines unsichtbaren Ozeans segeln. Das ist die Essenz der Führungswellen-Theorie oder Bohmschen Mechanik, einer Interpretation, die den Determinismus in die Quantenwelt zurückbringt.

In dieser Sichtweise haben Teilchen immer eine bestimmte Position und Geschwindigkeit, und ihre Bewegung wird von einer

Führungswelle geleitet. Diese Welle breitet sich durch den Raum aus und bestimmt die Wahrscheinlichkeit, das Teilchen an jedem Punkt zu finden.

Die Führungswellen-Theorie eliminiert das Problem des Kollapses der Wellenfunktion und stellt die klassische Intuition über Teilchen und Trajektorien wieder her. Sie hat jedoch ihre Schwierigkeiten.

Um die Korrelationen zwischen verschränkten Teilchen zu erklären, erfordert die Führungswellen-Theorie instantane Wechselwirkungen auf beliebige Entfernung. Dies widerspricht dem Prinzip der Lokalität in Einsteins Relativitätstheorie und schafft Probleme bei der Vereinbarkeit der Quantenmechanik mit der Gravitationstheorie.

Die Suche nach der "besten" Interpretation: Eine persönliche Odyssee in der Quantenwelt

Als ich mich zum ersten Mal in den Strudel der Quantenphysik vertiefte, traf ich auf die kalte und rätselhafte Kopenhagener Interpretation. Ihre probabilistische Natur, mit "Wellen von Möglichkeiten" anstelle von konkreten Fakten, widersprach meiner Intuition und sogar den Worten Einsteins selbst: "Gott würfelt nicht." Ich sehnte mich danach, etwas Bestimmteres zu finden, etwas, das mit meinem Verständnis der Realität resonierte.

Und dann stolperte ich über zwei alternative Interpretationen, die einen Funken der Neugier in mir entfachten: die Viele-Welten-Interpretation und David Bohms Führungswelle.

Die Viele-Welten-Interpretation öffnete meinen Geist für ein schwindelerregendes Bild von unendlichen Paralleluniversen, in denen jede Quantenmöglichkeit Realität wird. Es war wie ein fesselnder Science-Fiction-Roman, in dem jede Entscheidung ein neues Kapitel im Buch der Existenz aufschlägt.

David Bohms Führungswelle wiederum brachte ein Gefühl von Ordnung und Determinismus in die Quantenwelt zurück. Teilchen hatten wieder klare Trajektorien, geleitet von mysteriösen

Führungswellen. Es war wie eine Rückkehr zur vertrauten klassischen Physik, aber mit einem neuen, tieferen Verständnis.

Natürlich verstand ich, dass diese Interpretationen nicht perfekt waren. Sie hatten ihre Probleme und Grenzen, aber sie wurden für mich zu einem Leitstern bei meiner weiteren Erforschung der Quantenwelt. Sie zeigten mir, dass es verschiedene Wege gibt, die Quantenmechanik zu verstehen, und dass die Wahl der Interpretation nicht nur eine Frage der wissenschaftlichen Strenge ist, sondern auch der persönlichen Weltanschauung.

Die Suche nach der Quantenwahrheit: Wo Welten aufeinandertreffen

Jede Interpretation der Quantenmechanik ist wie eine Linse, die bestimmte Aspekte der Realität beleuchtet, während sie andere im Schatten lässt. Es gibt keine einzige "richtige" Antwort, und die Suche nach der Wahrheit wird zu einer spannenden Reise, bei der jeder Schritt neue Horizonte des Verständnisses eröffnet.

Mein Buch hat ein ehrgeiziges Ziel - die Fäden der Quantenmechanik zu verfolgen, die das Gewebe unserer Welt durchdringen. Wir haben bereits gesehen, wie Quantenphänomene biologische Prozesse beeinflussen, und sind in die Welt der subatomaren Teilchen eingetaucht, wo die Gesetze der Quantenwelt herrschen. Wir haben sogar einen Blick hinter die Kulissen verschiedener Interpretationen geworfen und versucht zu verstehen, wie sie erstaunliche Quantenphänomene erklären.

Jetzt ist es an der Zeit, einen weiteren Schritt auf unserer Reise zu machen. Um zu verstehen, wie sich die Quantenmechanik in die Makrowelt einfügt, die wir um uns herum sehen, müssen wir die Grundprinzipien einer anderen fundamentalen Theorie verstehen - Einsteins Relativitätstheorie. Dies ist eine Theorie, die die Welt der hohen Geschwindigkeiten und massereichen Objekte beschreibt, eine Welt, in der Zeit und Raum flexibel und relativ werden.

Es scheint, als würden die Quantenmechanik und die Relativitätstheorie zwei verschiedene Welten beschreiben: die Welt der subatomaren Teilchen und die Welt der Sterne und Galaxien. Aber in Wirklichkeit sind diese beiden Welten untrennbar miteinander verbunden. Sie greifen auf der tiefsten Ebene der Realität ineinander, und in dieser Verflechtung liegt der Schlüssel zum Verständnis des Universums in seiner Gesamtheit.

Begeben wir uns also auf das nächste Kapitel unserer Reise, in dem wir die klassische Physik erkunden werden, insbesondere Einsteins Relativitätstheorie

Kapitel 3: Die Zeit als Illusion.

Einsteins Zug und die Relativität der Gleichzeitigkeit

Stellen Sie sich einen Zug vor, der sich mit unglaublicher Geschwindigkeit bewegt. In der Mitte des Zuges steht eine Person mit zwei Pistolen, bereit, auf die Fenster an der Vorder- und Rückseite des Waggons zu schießen. Diese Pistolen sind so stark, dass die Kugeln, die sie abfeuern, sich mit einer Geschwindigkeit bewegen, die der Lichtgeschwindigkeit nahe kommt.

Wenn die Person schießt, passiert etwas Erstaunliches. Für einen Beobachter im Zug werden beide Fenster gleichzeitig zerspringen. Für einen Beobachter auf dem Bahnsteig sieht die Sache jedoch etwas anders aus. Die nach hinten abgefeuerte Kugel wird das hintere Fenster zuerst erreichen und zersplittern, da sich beide in dieselbe Richtung bewegen. Aber die nach vorne fliegende Kugel muss die Bewegung des Zuges überwinden, so dass sie das vordere Fenster etwas später erreicht. Das liegt daran, dass für den Beobachter auf dem Bahnsteig die nach vorne fliegende Kugel eine höhere Geschwindigkeit hat als die nach hinten fliegende Kugel, und die Zeit für sie wird sich "verlangsamen", um die Geschwindigkeitsgrenze des Lichts nicht zu verletzen.

Aus der Sicht des Beobachters auf dem Bahnsteig wird also zuerst das hintere Fenster zersplittern, und dann das vordere. Dieses Phänomen, das unserer Intuition widerspricht, ist eine Folge der speziellen Relativitätstheorie.

Dieses Phänomen wird als Relativität der Gleichzeitigkeit bezeichnet. Es legt nahe, dass es in unserer Welt scheinbar zwei verschiedene Realitäten gibt. In einer Realität sind beide Fenster entweder gleichzeitig intakt oder zersplittert, während es in der anderen einen Moment gibt, in dem das hintere Fenster bereits zersplittert ist, das vordere aber noch nicht.

Dies sind nicht zwei verschiedene Universen; beide Personen befinden sich im selben Universum. Aber sie werden sich nicht darüber einig sein, wann die Fenster zersplittert sind.

So seltsam diese Situation auch erscheinen mag, die spezielle Relativitätstheorie besagt, dass beide Realitäten gleichermaßen real sind. Es gibt kein absolutes "Jetzt"; die Gleichzeitigkeit von Ereignissen hängt vom Bezugsrahmen des Beobachters ab.

Dieses Paradoxon stellt unser intuitives Verständnis von Zeit und Raum in Frage. Es zeigt, dass die Realität viel komplexer und erstaunlicher ist, als wir früher dachten.

Zwei gleiche Realitäten

Die spezielle Relativitätstheorie besagt, dass beide Realitäten, die in Einsteins Gedankenexperiment mit dem Zug beschrieben werden, absolut gleichwertig sind. Auch wenn dies seltsam und unlogisch erscheinen mag, ist es genau das Bild der Welt, das uns die Gesetze der Physik zeichnen.

Oftmals hört an dieser Stelle die Diskussion auf, und wir akzeptieren diese Tatsache einfach als gegeben. Aber wie sollte ein Universum aussehen, in dem dies möglich ist? Wie können widersprüchliche Aussagen gleichzeitig wahr sein?

Zu verstehen, dass beide Realitäten im Gedankenexperiment gleichwertig sind, erfordert eine tiefgreifende Verfeinerung unseres Verständnisses der Natur von Zeit, Raum und Bewegung. Diese Aufgabe erfordert nicht nur die Fähigkeit, intuitiv nicht offensichtliche physikalische Phänomene zu akzeptieren, sondern auch die Fähigkeit zu verstehen, wie diese Phänomene auf den gewaltigen Skalen des Kosmos interagieren.

In diesem Zusammenhang können wir uns das Universum als ein komplexes System vorstellen, in dem jedes Objekt und jedes Ereignis andere beeinflusst. Nach der Relativitätstheorie hat jeder Punkt in der Raumzeit seine eigene unabhängige Geschichte, und Beobachter, die sich relativ zueinander bewegen, können unterschiedliche Vorstellungen davon haben, was gleichzeitig geschieht.

Die Gleichheit beider Realitäten liegt also darin, dass keine von ihnen objektiver oder wahrer ist als die andere. Beide Realitäten existieren und haben ihre eigenen Gesetze, die die physikalischen Prinzipien widerspiegeln, die wir in unserem Universum beobachten.

Ein Modell des Universums, das der Intuition widerspricht

Seit über einem Jahrhundert versuchen Wissenschaftler, ein Modell des Universums zu entwickeln, das mit den Gesetzen der Physik übereinstimmt und das Paradoxon der Gleichzeitigkeit erklärt. Und ein solches Modell existiert, obwohl es weit von unserer alltäglichen Intuition entfernt ist.

Dieses Modell wird von vielen Physikern und Philosophen akzeptiert, weil es durch die Gesetze der Physik gestützt wird. Es ist jedoch nicht sehr tröstlich, da das Bild, das es zeichnet, nicht sehr angenehm oder ermutigend ist.

Der komplexeste Mechanismus im Universum - unser Gehirn - hat sich nicht entwickelt, um die Natur der Zeit zu verstehen. Das widersprüchliche Bild des Universums, das uns die Physik offenbart, hat jedoch wahrscheinlich den Aufbau des menschlichen Gehirns selbst beeinflusst.

Wie wir später sehen werden, deutet die Struktur unseres Gehirns zusammen mit den Gesetzen der Physik in gewisser Weise darauf hin, was Realität und Zeit sind.

Das Buch "Your Brain is a Time Machine" des amerikanischen Neurobiologen Dean Buonomano untersucht, wie das menschliche Gehirn Zeit kodiert. Buonomano, einer der ersten Neurobiologen, der einen bedeutenden Teil seiner Karriere dieser Frage gewidmet hat, studierte die Arbeiten verschiedener Wissenschaftler, um zu verstehen, wie unser Gehirn das Gefühl des Zeitflusses erzeugt.

Die Wissenschaft ist immer bestrebt, das Experiment vom Experimentator zu trennen, um ein Höchstmaß an Objektivität zu erreichen. Im Falle der Untersuchung der Zeit versucht Dean Buonomano jedoch, das Gegenteil zu tun. Er versucht, die subjektive Erfahrung der Zeitwahrnehmung mit objektiven wissenschaftlichen Daten zu verbinden.

Die Illusion der Zeit

Seit über einem Jahrhundert versuchen Wissenschaftler, etwas in der physischen Welt zu finden, das man als Fluss der Zeit bezeichnen könnte. Bisher ohne Erfolg. Daher kommt Buonomano, wie viele andere Wissenschaftler vor ihm, zu dem Schluss, dass unsere Wahrnehmung des Zeitflusses möglicherweise nur eine Illusion ist.

Einstein erklärte seine Relativitätstheorie damit, dass die Zeit relativ ist und von der Bewegung des Beobachters abhängt. Für eine Person, die sich mit hoher Geschwindigkeit bewegt, vergeht die Zeit beispielsweise langsamer als für eine Person in Ruhe.

Buonomano glaubt, dass unser Gefühl für den Fluss der Zeit das Ergebnis der Arbeit des Gehirns ist und nicht die Widerspiegelung einer objektiven Realität. Er vergleicht dieses Gefühl mit anderen subjektiven Empfindungen wie Farbe oder Geschmack, die ebenfalls das Ergebnis der Interpretation von Signalen der Sinne durch das Gehirn sind.

Innere Uhr und Vorhersage der Zukunft

Trotz der Verzerrungen der Zeitwahrnehmung in Isolation verfügt unser Körper über eine innere Uhr, die uns hilft, uns in der Zeit zu orientieren. Wir spüren intuitiv, wann die grüne Ampel aufleuchtet oder wann ein Fernsehspot zu Ende ist.

Laut Dean Buonomano sind Zeitmessmechanismen auf der grundlegendsten Ebene - auf der Ebene von Neuronen, Synapsen und ihren Netzwerken - in die Betriebssysteme des Gehirns eingebettet. Daher macht es keinen Sinn, nach einem separaten Teil des Gehirns zu suchen, der für die Wahrnehmung von Zeit verantwortlich ist, da die meisten neuronalen Netzwerke auf die eine oder andere Weise an diesem Prozess beteiligt sind.

Im weitesten Sinne kann das Gehirn als Zeitmaschine bezeichnet werden. Natürlich nicht im Sinne von Zeitreisen, sondern im Sinne der Arbeit mit der Zeit. Seit Hunderten von Millionen von Jahren haben Tiere die Fähigkeit entwickelt, die Zukunft vorherzusagen. Raubtiere lernten, das Verhalten ihrer Beute vorherzusagen, und Beutetiere - das Verhalten von Raubtieren. Sie alle versuchten, das Verhalten potenzieller Partner vorherzusagen.

Einige Tiere bereiten sich auf die Zukunft vor, indem sie Nahrung speichern, Nester bauen und so weiter. Das Leben auf der Erde antizipiert den Wechsel der Jahreszeiten, von Tag und Nacht. Diejenigen, die diese Aufgabe nicht bewältigen konnten, überlebten nicht und hinterließen keine Nachkommen.

Automatische Vorhersage der Zukunft

Ob wir es bemerken oder nicht, unser Gehirn versucht ständig vorherzusagen, was passieren wird. Diese kurzfristigen Prognosen, etwa ein paar Sekunden im Voraus, werden automatisch und unbewusst gemacht.

Wenn zum Beispiel ein Ball vom Tisch fällt, machen wir automatisch eine Bewegung, um ihn zu fangen, wenn er vom Boden abprallt. Aber wir reagieren ganz anders, wenn ein Stück Kuchen vom Tisch fällt.

Menschen und andere Tiere versuchen ständig, Vorhersagen für eine Vielzahl von Zeiträumen zu treffen. Eine Katze, die sich in einem neuen Haus befindet, erstellt angespannt eine mentale Karte der Umgebung, schnüffelt an allem herum und bereitet sich auf das vor, was nicht nur in ein paar Sekunden, sondern auch in ein paar Minuten oder sogar Stunden passieren könnte.

Ein Wolf, der anhält, um Anzeichen, Geräusche und Gerüche aufzunehmen, sucht nach Hinweisen, die ihm helfen, potenzielle Feinde, Beute oder einen Partner zu identifizieren.

Sogar bestäubende Vögel können die Zeit messen, die seit ihrem letzten Besuch bei einer bestimmten Blume vergangen ist, damit der Nektar bis zum nächsten Mal Zeit hat, sich anzusammeln.

Innere Uhr und Vorhersage der Zukunft

Praktisch alle Erscheinungsformen des Lebens, von der Fähigkeit, ein sich bewegendes Ziel mit einem Speer zu treffen, über das Verstehen, wann man am Ende eines Witzes lachen oder Beethovens "Mondscheinsonate" spielen muss, bis hin zur Fähigkeit, den täglichen Schlaf-Wach-Zyklus oder den monatlichen Menstruationszyklus zu regulieren - all dies erfordert die Fähigkeit, Zeit zu messen.

Das Gehirn zählt nicht nur die Sekunden, Stunden und Tage unseres Lebens, sondern erkennt und erzeugt auch zeitliche Muster, wie z. B. musikalische Rhythmen und präzise Bewegungsabläufe, die es Turnern ermöglichen, akrobatische Kunststücke zu vollbringen. Unser natürliches Bedürfnis, im Takt der Musik in die Hände zu klatschen, mit den Fingern zu schnippen oder mit dem Kopf zu nicken.

Ihr Gehirn schaut ein paar hundert Millisekunden voraus, antizipiert den nächsten Schlag und synchronisiert Ihre Handlungen damit. Wenn Sie verstehen wollen, wie tief das in uns verwurzelt ist, versuchen Sie, den Rhythmus der Musik zu durchbrechen und zum Beispiel asynchron mit den Fingern zu schnippen. Dazu müssen Sie Ihre ganze Aufmerksamkeit aufbringen, während die Beibehaltung des Rhythmus der Musik fast keine Konzentration erfordert.

Das Gehirn erschafft den Fluss der Zeit

Nicht nur die Vorhersage, sondern auch das Gefühl des Zeitflusses, die Kontinuität des gegenwärtigen Moments, ist eine Schöpfung unseres Gehirns. Dies lässt sich mit einem einfachen Experiment leicht überprüfen.

Bitten Sie jemanden, sich vor Sie zu stellen und abwechselnd auf Ihr linkes und rechtes Auge zu schauen. Sie werden bemerken, dass sich die Augen der Person bewegen, und diese Bewegung dauert einige Zeit.

Gehen Sie nun zum Spiegel und versuchen Sie dasselbe zu tun, indem Sie abwechselnd auf das linke und rechte Auge Ihres Spiegelbildes schauen. Sie werden feststellen, dass Ihr Spiegelbild überhaupt nicht blinzelt, nicht einmal versucht es.

Das passiert, weil das Gehirn diesen Moment und alle Momente, die auftreten, wenn Sie Ihren Blick von einem Objekt zum anderen bewegen, einfach ausblendet. Wir bemerken es nicht einmal, das Bild erscheint uns kontinuierlich.

Dasselbe passiert beim Blinzeln. Das Gehirn fügt die Bilder vor und nach dem Schließen der Augenlider zusammen. Man könnte sagen, es ist eine Kleinigkeit, aber bei einer Geschwindigkeit von 100 km/h legt ein Auto während eines Blinzelns etwa 5 Meter zurück. 5 Meter, die für Sie einfach nicht existieren.

Es ist klar, warum das passiert. Wir haben uns nicht entwickelt, um unter solchen Bedingungen Entscheidungen zu treffen, weshalb es so gefährlich ist, in der Stadt Rennen zu fahren. Formel-1-Fahrer, bei denen die Geschwindigkeiten 350 km/h überschreiten, lernen in der Regel, nur auf bestimmten Abschnitten der Strecke zu blinzen.

Im Allgemeinen sammeln wir pro Tag etwa eine Stunde geschnittenes Material an. Die Illusion der Kontinuität der Realität ist also das Verdienst des Gehirns. Das Einzige, was wir direkt erleben, ist das ewige "Jetzt".

Clive Wearings ewiges "Jetzt"

In Wirklichkeit können wir in keinem anderen Moment sein als im "Jetzt". Und doch, wenn wir versuchen, genau dieses "Jetzt" einzufangen, entgleitet es uns sofort.

Aber nicht für jeden. Es gibt einen Mann mit einer seltenen und spezifischen Hirnverletzung, aufgrund derer sein gegenwärtiger Moment in gewisser Weise vor etwa 40 Jahren stehen geblieben ist. Es handelt sich um den britischen Musikkritiker Clive Wearing, dessen Gehirn nach einer schweren Infektionskrankheit und einer Schädigung des Hippocampus die Fähigkeit, neue, starke Langzeiterinnerungen zu bilden, vollständig verloren hat.

Dies ist einer der schwersten Fälle von Amnesie weltweit. Seine Erinnerung an Ereignisse dauert 7 bis 30 Sekunden. Sein ganzes Leben besteht darin, dass er im Durchschnitt alle 20 Sekunden "aufwacht" und sein Bewusstsein nach Ablauf seines Kurzzeitgedächtnisses neu startet.

Alle paar Dutzend Sekunden, seit fast 40 Jahren, scheint es ihm, als wäre er gerade aus dem Koma erwacht. Wenn er länger als ein paar Sätze an einem Gespräch beteiligt ist, wird ihm empfohlen, ein persönliches Tagebuch zu führen, was er auch tut.

Aber wenn wir hineinschauen, sehen wir ein erschreckendes Bild. Seite für Seite sehen die Einträge so aus:

"8:30 Uhr. Jetzt bin ich wirklich völlig wach."

Dann streicht Wearing diese Zeile durch und schreibt:

"9:06 Uhr. Jetzt bin ich absolut definitiv wach."

Wieder durchgestrichen:

"9:34 Uhr. Jetzt bin ich ganz bestimmt wirklich wach."

Wenn wir seine Tagebücher untersuchen, sehen wir, dass er irgendwann anfängt, die Uhrzeit in großen Zahlen zu schreiben, mit einem solchen Druck, als ob er versuchen würde, sich im Kontinuum zu markieren, um auf den Zug der Zeit aufzuspringen.

Es ist wie ein kleiner Tod alle paar Dutzend Sekunden, gegen den er so verzweifelt versucht zu kämpfen. Die Aufschrift in riesigen Buchstaben: "ICH BIN AM LEBEN!" Und jedes Mal wusste er nicht, wie und von wem die vorherigen Einträge gemacht wurden, obwohl er seine Handschrift erkannte.

Da Wearing nicht verstehen kann, wo er ist oder wie er hierher gekommen ist, ist die einzig mögliche Erklärung für sein Gehirn, dass er gerade aufgewacht ist. Eine endlose Schleife eines einzigen Moments.

In einem Dokumentarfilm aus dem Jahr 2005 beantwortet Wearing ähnliche Fragen:

"Sie sind die ersten Menschen, die ich sehe. Ihr drei: zwei Männer und eine Dame. Die ersten Menschen, die ich gesehen habe, seit ich krank geworden bin. Es gibt keinen Unterschied zwischen Tag und Nacht. Keine Gedanken, keine Träume..."

Clive Wearings Geschichte ist tragisch, und obwohl sie es nicht beweist, deutet sie doch darauf hin, dass vielleicht für Menschen der Moment, den wir "jetzt" nennen, mit dem Kurzzeitgedächtnis verbunden ist und nicht in einem Augenblick stattfindet, sondern eher in Rucken, die eine gewisse Dauer in der Zeit haben. Das heißt, das bewusste Gefühl der Gegenwart kann eher mit einer Note als mit einem eingefrorenen Bild eines Films verglichen werden.

Materie und Bewusstsein

Der Neuropsychologe, Linguist und emeritierte Psychologieprofessor der Harvard University, Steven Pinker, bemerkte:

"Materie ist im Raum verteilt, aber Bewusstsein existiert in der Zeit."

(Merken Sie sich dieses Zitat; es wird in den folgenden Abschnitten nützlich sein.) Diese Aussage ist so selbstverständlich wie "Ich denke, also bin ich."

Es stellt sich jedoch die Frage: Wie dicht ist das Bewusstsein in der Zeit verteilt? Wie kurz ist ein Moment, den wir erfassen können?

Der Einfluss psychoaktiver Substanzen auf die Zeitwahrnehmung

Unser Zeitempfinden wird unter dem Einfluss psychoaktiver Substanzen erheblich verändert. William James, einer der Begründer der modernen Psychologie, schrieb: "Unter dem Einfluss von Haschisch gibt es eine interessante Empfindung der Zeitdehnung. Wir beginnen einen Satz zu sagen, aber wenn wir am Ende ankommen, scheint es, als hätten wir vor einer Ewigkeit angefangen zu sprechen."

Der Wirkstoff von Haschisch oder Marihuana, Tetrahydrocannabinol (THC), bewirkt laut experimentellen Daten tatsächlich ein Gefühl der Verlangsamung oder des Anhaltens der äußeren Zeit. Nach dem Konsum schätzten die Menschen ein einminütiges Intervall als 42 Sekunden ein.

Aber die Veränderung der Zeitwahrnehmung tritt nicht nur unter dem Einfluss von Substanzen auf. Wir haben oft gehört, und einige haben es sogar erlebt, dass sich die Zeit bei einem starken emotionalen Schock oder in lebensbedrohlichen Situationen verlangsamt.

Die Gründe für eine solche Zeitverzerrung sind nicht vollständig geklärt. Es gibt mehrere Hypothesen:

1. **Gehirn-Übertaktung:** In Analogie zur Übertaktung eines Prozessors vermutet Buonomano, dass das Gehirn seine Effizienz kurzzeitig um 10-20% steigern kann.
2. **Hyper-Erinnerung:** Menschen nehmen Ereignisse nicht zum Zeitpunkt des Ereignisses in Zeitlupe wahr, sondern erst später, wenn sie sich daran erinnern. Während der "Kampf-oder-Flucht"-Reaktion kann das Gehirn die zeitliche und räumliche Auflösung des Gedächtnisses erhöhen. Im Rückblick scheint es dann, als sei alles langsamer abgelaufen.
3. **Subjektive Zeitverzerrung:** Der Autor des Buches hatte das Gefühl, dass sich die Zeit verlangsamt hatte, als er in einen Autounfall verwickelt war. Die Videoaufzeichnung des Unfalls

zeigte jedoch, dass alles mit normaler Geschwindigkeit geschah. Dies bestätigt, dass unsere Zeitwahrnehmung in solchen Momenten verzerrt sein kann.

Meta-Illusion: Die Illusion der Zeit

Buonomano schlägt eine dritte, höchst faszinierende Hypothese vor, die sogenannte "Meta-Illusion". Um ihre Essenz zu verstehen, versuchen Sie, mit Ihrer Hand ein Objekt wie eine Wand, einen Tisch oder ein Telefon zu berühren und beobachten Sie Ihre Empfindungen. Kommt es Ihnen nicht seltsam vor, dass wir die Empfindung des Objekts zwar im Gehirn bilden, sie aber nicht in unserem Kopf spüren, sondern buchstäblich an einen bestimmten Punkt im Raum übertragen?

Buonomano schreibt, dass eines der tiefsten subjektiven Gefühle eines Menschen darin besteht, dass unsere Finger, Hände, Füße, unser ganzer Körper uns gehört. Und das alles ist eine große Illusion.

Phantomglieder und die Illusion des Körperbesitzes

Sie haben wahrscheinlich schon vom Phantomschmerz-Syndrom gehört. Manche Menschen spüren nach der Amputation eines Arms oder Beins diesen weiterhin so deutlich, wie die meisten von uns echte Gliedmaßen spüren. Dieses Phänomen legt nahe, dass das Gehirn so hart daran arbeitet, in uns ein Gefühl des Eigentums an den Knochen, Muskeln und Nerven zu erzeugen, die unsere Gliedmaßen ausmachen, dass es diese Illusion trotz des Verschwindens der Gliedmaßen selbst aufrechterhält.

Wenn Sie sich mit einem Hammer auf den Finger schlagen, projiziert das Gehirn das Schmerzempfinden in einen bestimmten Bereich des Raumes - Ihren Finger. Wenn Sie aber eine künstliche Hand neben Ihre Hand legen, kann das Gehirn die Wahrnehmung so verändern, dass Sie Ihre Hand dort spüren, wo die künstliche Hand ist, als ob das Gehirn sich damit einverstanden erklärt, die künstliche Hand als Ihre zu betrachten. Dies ist die sogenannte Gummihand-Illusion.

Basierend auf diesem Beispiel vermutet Buonomano, dass, wenn unser Gehirn so stabile räumliche Trugbilder erzeugt, warum sollte es dann nicht auch zeitliche Trugbilder erzeugen? Was wir als Fluss der Zeit bezeichnen, könnte sich als Illusion herausstellen, und daher bedeutet der Name der Hypothese "Meta-Illusion", dass die Verlangsamung der Zeit eine Illusion einer Illusion ist.

Auf YouTube können Sie die Wiedergabegeschwindigkeit des Videos wählen. Sie können das Video doppelt so schnell oder doppelt so langsam abspielen und die Informationen trotzdem gut wahrnehmen. Buonomano schreibt, dass unser normales Zeitempfinden ein mentales Konstrukt ist, das verschiedene Geschwindigkeitseinstellungen haben kann.

Sie können dies überprüfen, indem Sie das Video 5 Minuten lang mit doppelter Geschwindigkeit ansehen und dann die normale Geschwindigkeit einschalten. Sie werden überrascht sein, wie langsam der normale Zeitablauf erscheinen wird.

Buonomano argumentiert, dass die Geschwindigkeit unserer Zeitwahrnehmung keine statische Illusion ist. Tatsächlich nutzen wir ständig unsere Fähigkeit, die Zeit zu komprimieren und zu dehnen.

Zum Beispiel können Sie jeden Satz in Ihrem Kopf viel schneller sagen als mit Ihren Lippen und Ihrer Zunge. Dasselbe gilt für das Binden von Schnürsenkeln, das Aufstehen von der Couch und alle anderen Handlungen.

Sein Buch nennt mehrere Beispiele für Zeitverzerrungen in lebensbedrohlichen Situationen:

- Ein 20-jähriger Rennfahrer, der mit 250 km/h verunglückte, sagt, dass alles sehr langsam geschah und es ihm vorkam, als würde er auf einer Bühne spielen und sich selbst von der Seite beobachten.
- Ein 21-jähriger Junge, der aus 10 Metern Höhe stürzte, hatte ebenfalls das Gefühl, dass sich die Zeit verlangsamte und er seinen Sturz wie von der Seite beobachten konnte.

- Ein Soldat aus dem Zweiten Weltkrieg, dessen Auto von einer Mine in die Luft gesprengt wurde, sagt, dass die Zeit stehen geblieben zu sein schien und er nur in seinen Gedanken existierte.

Wie wir sehen können, verändert sich in kritischen Situationen nicht nur die Wahrnehmung der Zeit, sondern auch die Wahrnehmung des Raumes. Viele Menschen beobachten in solchen Momenten das Geschehen wie von außen.

Buonomano schreibt, dass die oben genannten Aussagen in jedem anderen Kontext wie Halluzinationen oder eine Bewusstseinsstörung wirken würden. Vielleicht ist die plötzliche Freisetzung von endogenen Opioiden, die in solchen Situationen auftritt, die Ursache für eine solche Verzerrung der Wahrnehmung.

Die fundamentale Zeiteinheit

Gibt es eine fundamentale Zeiteinheit, die nicht in etwas noch Kleineres unterteilt werden kann? Uhren sind die präzisesten Instrumente, die wir je geschaffen haben, und doch zeigen selbst die fortschrittlichsten Atomuhren Diskrepanzen in ihren Messwerten, wenn sie sich in unterschiedlichen Höhen befinden.

Richard Feynman sagte einmal, dass aufgrund der Auswirkungen der Relativitätstheorie der Erdkern merklich jünger sein müsste als die Erdkruste. Neuere Berechnungen haben gezeigt, dass sich im Laufe der gesamten Existenz der Erde der Unterschied zwischen Kern und Kruste auf etwa 2,5 Jahre summiert hat.

Die Wissenschaft hat noch keine Antwort auf die Frage, ob die Zeit diskret oder kontinuierlich ist. Viele Experten glauben, dass die Existenz von einzelnen Momenten zu Paradoxien führen würde, wie zum Beispiel zu Zenos Paradoxon der Dichotomie.

Dieses Paradoxon lautet wie folgt: Um eine Strecke zurückzulegen, muss man zuerst die Hälfte der Strecke zurücklegen, und um die Hälfte der Strecke zurückzulegen, muss man zuerst die Hälfte der Hälfte zurücklegen, und so weiter bis ins Unendliche.

Das Andromeda-Paradoxon

Die Gesetze der Physik sind symmetrisch in Bezug auf die Zeit, d. h. sie geben ihrer Richtung keine besondere Bedeutung. Vergangenheit, Gegenwart und Zukunft sind einander gleichwertig. Das bedeutet, dass "jetzt" auf der Zeitskala dasselbe ist wie "hier" im Raum.

Aber Einsteins Relativitätstheorie verkompliziert dieses Bild. Das Beispiel mit dem Zug zeigt, dass jeder Beobachter, abhängig von der Geschwindigkeit und Richtung der Bewegung, seine eigene unabhängige Vorstellung vom gegenwärtigen Moment hat.

Roger Penrose präsentiert in seinem Buch "The Emperor's New Mind" ein Gedankenexperiment, das uns zwingt, unsere Vorstellungen von der Realität zu überdenken. Er zeigt, dass selbst bei sehr kleinen Relativgeschwindigkeiten die Veränderungen in der Chronologie kolossal werden, wenn zwei Punkte große Entfernungen voneinander haben.

Zum Beispiel werden zwei Fußgänger, die sich langsam auf der Straße begegnen, keinen Unterschied zwischen den Ereignissen sehen, die um sie herum geschehen. Wenn wir aber im Moment ihrer Begegnung zur Andromeda-Galaxie transportiert würden, dann wären die für sie gleichzeitigen Ereignisse tatsächlich um mehrere Tage voneinander getrennt.

Das bedeutet, dass es eine unendliche Anzahl von Ebenen der Gleichzeitigkeit gibt, die durch jeden Punkt in der Raumzeit verlaufen. Für jeden Punkt im Raum gibt es verschiedene Mengen von gleichzeitigen Ereignissen.

Schon die kleinste Bewegung Ihres Kopfes verändert den wahrgenommenen gegenwärtigen Moment für Sie. Im Universum wird alles noch absurder, wenn man sich klar macht, dass die Räume der gegenwärtigen Momente für Kopf, Hände, Füße und Körper unterschiedlich sind.

Wie sieht das Universum aus?

Wenn wir über die Grenzen des Raums hinausfliegen und einen Blick darauf werfen könnten, würden wir aus der Perspektive der speziellen Relativitätstheorie einen unveränderlichen vierdimensionalen Block sehen (Abb. 2), in dem die Zeit als eine weitere räumliche Koordinate existiert. Im Rahmen eines solchen Modells, dem Blockuniversum-Modell, ist von "jetzt" zu sprechen dasselbe wie von "hier" zu sprechen, denn jeder gegenwärtige Moment ist real und existiert auf einem der Querschnitte dieses Blocks.

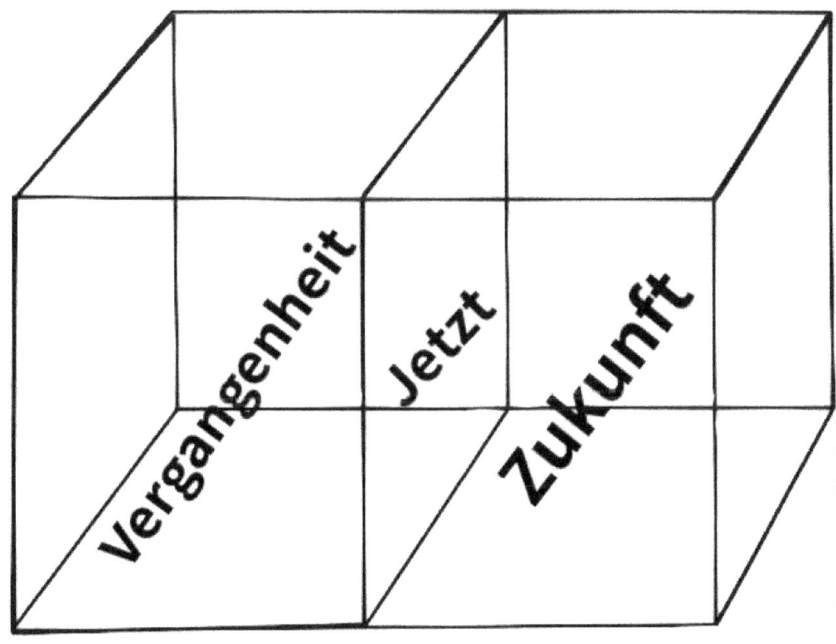

Abbildung 2: Ein Blockuniversum-Modell, bei dem Vergangenheit, Gegenwart und Zukunft als Teil eines vierdimensionalen Raum-Zeit-Kontinuums koexistieren. Das "Jetzt" ist lediglich eine subjektive Scheibe durch diesen Block, die die Relativität unserer Zeiterfahrung hervorhebt.

Die Idee eines Blockuniversums ist nicht nur eine attraktive metaphysische Theorie, sondern eine gut etablierte wissenschaftliche Tatsache. Interessant ist, dass Einstein, als er seine Arbeit zur speziellen Relativitätstheorie veröffentlichte, nicht behauptete, dass die Zeit als die vierte Dimension des Blockuniversums betrachtet werden sollte. Der erste, der diese erstaunlichen Schlussfolgerungen über die Verbindung zwischen Raum und Zeit zog, war sein Lehrer aus Zürich, Hermann Minkowski.

Minkowski präsentierte Einsteins Theorie in einer geometrischen Form und kombinierte Raum und Zeit zu einem einzigen vierdimensionalen Kontinuum - der Raumzeit. In dieser Raumzeit hat jedes Ereignis seine eigenen Koordinaten: drei räumliche und eine zeitliche.

Zur Veranschaulichung kann man sich eine vereinfachte zweidimensionale Raumzeit vorstellen, in der eine Achse der Zeit und die andere dem Raum entspricht. In einer solchen Darstellung ist die Ebene der Gleichzeitigkeit eine Linie, die durch einen bestimmten Zeitpunkt verläuft und alle Ereignisse verbindet, die aus der Sicht eines bestimmten Beobachters gleichzeitig stattfinden.

Fatalismus

Wenn wir uns vorstellen, dass die Zeit kein fließender Fluss ist, sondern ein gefrorener Block, in dem alle Ereignisse der Vergangenheit, Gegenwart und Zukunft bereits festgelegt sind, stellt sich die Frage nach dem freien Willen. Sind unsere Entscheidungen wirklich frei, oder sind sie nur eine Illusion, die durch unsere subjektive Wahrnehmung der Zeit verursacht wird?

Das philosophische Konzept, das behauptet, dass alle Ereignisse in der Welt vorherbestimmt und unvermeidlich sind, wird Fatalismus genannt. Im Rahmen des Blockuniversums, in dem die Zukunft bereits existiert, mag der Fatalismus wie eine logische Schlussfolgerung erscheinen.

Freier Wille im Blockuniversum

Doch selbst in einem Blockuniversum gibt es eine Möglichkeit für verschiedene Versionen der Zukunft. Das liegt daran, dass wir nicht alle Details des Anfangszustands des Universums kennen und daher nicht alle zukünftigen Ereignisse genau vorhersagen können.

Darüber hinaus bringt die Quantenmechanik ein Element des Zufalls in physikalische Prozesse ein. Das bedeutet, dass wir selbst wenn wir den Anfangszustand eines Systems kennen, seinen zukünftigen Zustand nicht mit absoluter Genauigkeit vorhersagen können.

Daher gibt es auch in einem Blockuniversum eine Möglichkeit für verschiedene Versionen der Zukunft, und unsere Entscheidungen können beeinflussen, welche dieser Optionen realisiert wird. Unser Gefühl des freien Willens kann jedoch eine Illusion sein, die dadurch verursacht wird, dass wir nicht alle Details des Anfangszustandes des Universums kennen und die Zukunft nicht genau vorhersagen können.

Physikalischer Determinismus und freier Wille

Der physikalische Determinismus, die Idee, dass alle Ereignisse in der Welt durch frühere Ereignisse und die Gesetze der Physik bestimmt sind, widerspricht nicht unbedingt dem freien Willen. Wir können den freien Willen als die Fähigkeit betrachten, in Übereinstimmung mit unseren Wünschen und Überzeugungen zu handeln, auch wenn diese Wünsche und Überzeugungen selbst durch physikalische Prozesse bestimmt sind.

Die Frage des freien Willens ist eng mit der Frage nach der Natur der Zeit verbunden. Wenn die Zeit nur eine Illusion ist, können wir dann von Entscheidungsfreiheit sprechen? Und wenn die Zeit real ist und eine Richtung hat, können wir dann unsere Zukunft ändern?

Räumliche Darstellung der Zeit durch das Gehirn

Vor diesem Hintergrund wird es interessant, dass der Mensch wahrscheinlich die Fähigkeit entwickelt hat, das Konzept der Zeit mit denselben Mechanismen zu verstehen, die für das Verständnis des Raums ausgelegt sind. Mit anderen Worten: Auf einer grundlegenden

Ebene unterscheidet das Gehirn möglicherweise nicht zwischen Raum und Zeit.

Der berühmte Schweizer Psychologe Jean Piaget suchte nach Parallelen zwischen Psychologie und Physik. Er revolutionierte das Gebiet der Entwicklungspsychologie, indem er die Mechanismen erklärte, durch die Kinder so abstrakte Konzepte wie Quantität, Raum und Zeit lernen.

Piaget glaubte wahrscheinlich an die Existenz einer tiefen Verbindung zwischen der angeborenen Vorstellung von Kindern von der Relativität der Zeit und der Relativität der Zeit in Einsteins Theorie. Um zu verstehen, wie sich die Zeit in den Köpfen von Kindern widerspiegelt, bat er sie, verschiedene einfache Aufgaben zu lösen.

In einer solchen Aufgabe verwendete Piaget zwei Schlangen, die mehrere Sekunden lang auf parallelen Bahnen krochen. Zum Beispiel würden eine blaue und eine gelbe Schlange gleichzeitig von derselben Startposition aus starten und gleichzeitig anhalten. Aber die blaue Schlange würde sich weiter bewegen, weil sie schneller kroch.

Kinder im Alter von 5-6 Jahren berichteten fälschlicherweise, dass die Schlange, die eine größere Strecke zurückgelegt hatte, später anhielt. Das heißt, die Parallele zur Relativitätstheorie ist folgende: Kinder verstehen intuitiv, dass sich die Zeit für ein Objekt, das sich mit einer höheren Geschwindigkeit bewegt, dehnt.

Die mentale Zeitlinie

Wie stellen sich Erwachsene die Chronologie vor? Ordnen Sie die Jahre 2021, 2022 und 2023 in chronologischer Reihenfolge in Ihrem Kopf an. Höchstwahrscheinlich haben Sie sie von links nach rechts angeordnet. Das erscheint natürlich, aber warum ist das so? Schließlich kann man sich die Zeitskala in beliebiger Weise vorstellen.

Wenn wir den Raum zur Bezeichnung der Zeit verwenden, warum nicht von rechts nach links oder von unten nach oben? Wäre das nicht eher wie ein Vorwärtsbewegen in der Zeit? Aber nein, die Menschen stellen sich die Zeitskala meistens von links nach rechts vor.

Es gibt Experimente, die die Existenz einer mentalen Zeitlinie bestätigen, die von links nach rechts verläuft. In einer Studie, in der die Teilnehmer die Dauer von Noten mit einem bestimmten Standard vergleichen mussten, kamen die Menschen schneller und besser mit der Aufgabe zurecht, wenn sie den Zeigefinger ihrer linken Hand verwenden konnten, um ein kurzes Intervall anzuzeigen, und den Zeigefinger ihrer rechten Hand, um ein langes Intervall anzuzeigen.

Wir verwenden ständig räumliche Metaphern, um die Zeit zu beschreiben: "nach vorne schauen", "zurückblicken", "kurze Zeit", "lange Zeit" und so weiter. Metaphern aus dem Bereich des Raumes werden oft verwendet, um die Zeit zu beschreiben, und sehr selten umgekehrt.

Die Verflechtung von Raum und Zeit im Gehirn

Obwohl wir noch nicht vollständig verstehen, wie Neuronen im Hippocampus oder anderen Hirnregionen Informationen über die Größe von räumlichen und zeitlichen Parametern messen, reproduzieren und speichern, können wir auf der Grundlage philologischer, psychophysischer und neurophysiologischer Daten den Schluss ziehen, dass Raum und Zeit in unseren neuronalen Schaltkreisen miteinander verflochten sind.

Bewegung in der Zeit und die Geometrie des Raumes

Ändert sich die Geometrie des Raumes, wenn man sich in der Zeit bewegt? Obwohl sich die Zeit stark von den räumlichen Dimensionen unterscheidet, sehen wir bei der Bewegung, wie sich die Geometrie des Raumes verändert: Objekte erscheinen größer, wenn wir uns ihnen nähern, und kleiner, wenn wir uns von ihnen entfernen.

Auch bei der Bewegung in der Zeit treten Veränderungen auf, auch wenn sie nicht so offensichtlich sind. Objekte ziehen sich in Bewegungsrichtung zusammen. Bei einer Geschwindigkeit von 60 km/h erscheint ein 5 Meter langes Auto beispielsweise um 8 Mikrometer kürzer.

Bei Geschwindigkeiten nahe der Lichtgeschwindigkeit wird dieser Effekt deutlicher. Wenn die Saturn-5-Rakete eine Geschwindigkeit von 299.992.457 m/s erreichen könnte, würde der Durchmesser des Mondes in Bewegungsrichtung der Rakete von 3474 km auf 284 m schrumpfen.

Subjektive und objektive Wahrnehmung der Zeit

Wir haben das Konzept der Zeit aus der Sicht unserer persönlichen Wahrnehmung und aus der Sicht der Physik diskutiert. Versuchen wir nun, diese beiden Ansichten zu verbinden und ein ganzheitliches Bild der Natur zu erhalten. Aber genau das ist unmöglich, und das ist eines der größten Rätsel des Universums.

Von allen Hindernissen für ein tiefes Verständnis des Lebens ist kein Problem so gewaltig wie das Problem der Zeit. Wie erklärt man die Zeit? Gar nicht, es sei denn, man erklärt das Leben. Wie erklärt man das Leben? Gar nicht, es sei denn, man erklärt die Zeit. Die tiefe und verborgene Verbindung zwischen Zeit und Leben aufzudecken, ist eine Aufgabe für die Zukunft.

Der Mensch und alle Lebewesen können sich entlang der Raumachsen in beide Richtungen bewegen, aber die Bewegung entlang der Zeitachse erfolgt immer nur in eine Richtung. Zumindest wissen die Menschen das aus ihrer eigenen bewussten Erfahrung. Wir können die Geschwindigkeit der Bewegung in der Zeit regulieren, aber nicht die Richtung. Für uns bewegt sich die Zeit immer nur vorwärts und niemals rückwärts.

Gleichzeitig sagen die fundamentalen Gesetze der Physik nichts darüber aus, warum es uns so vorkommt, als würde sich die Zeit vorwärts bewegen. Die Gleichungen von Newton, Einstein, Maxwell und Schrödinger hängen nicht davon ab, ob sich die Ereignisse in vorwärts oder rückwärts gerichteter Reihenfolge entwickeln. Sie haben keinen bestimmten gegenwärtigen Moment in der Zeit.

Trotz all dieser überzeugenden Argumente dafür, dass wir in einem Blockuniversum leben, müssen wir zugeben, dass die Gesetze der

Physik die wichtigste menschliche Beobachtung nicht erklären können, nämlich dass der gegenwärtige Moment sich von allen anderen Momenten unterscheidet und dass die Zeit vergeht.

Das Problem des Zeitflusses

Einstein, obwohl er sich an das Konzept des Blockuniversums hielt, war auch besorgt über die Diskrepanz zwischen unseren Gefühlen und dem modernen Verständnis der Gesetze der Physik. Er erkannte, dass die Erfahrung der Gegenwart für einen Menschen etwas Besonderes bedeutet, etwas, das sich grundlegend von Vergangenheit und Zukunft unterscheidet.

Diese Erfahrung kann von der Wissenschaft nicht erklärt werden, und für Einstein war sie ein Grund für einen schmerzhaften, aber unvermeidlichen Rückzug.

Roger Penrose bemerkt nach der Beschreibung des Gedankenexperiments mit Andromeda, dass es nach der speziellen Relativitätstheorie ein solches Konzept wie "jetzt" eigentlich nicht gibt. Die beste Annäherung daran wäre der Raum der gleichzeitigen Ereignisse des Beobachters in der Raumzeit. Penrose vergleicht das Universum mit einer Schallplatte und unser Bewusstsein mit der Nadel eines Plattenspielers.

Die Illusion des Zeitflusses

Die Diskrepanz zwischen der Idee des Blockuniversums und dem Gefühl des Zeitflusses ist ein so tiefes Problem, dass viele Physiker und Philosophen den einzigen Weg zur Lösung darin sehen, das Gefühl des Zeitflusses als Illusion zu erkennen.

Der theoretische Physiker Paul Davies schreibt: "Das scheinbare Gefühl der Bewegung oder des Flusses der Zeit, das vielleicht durch die Hintertür des Denkens erworben wurde, ist das tiefste Geheimnis. Steht es in Zusammenhang mit Quantenprozessen im Gehirn, spiegelt es die objektive Eigenschaft der Zeit in unserer realen Welt der materiellen Objekte wider, die wir einfach nicht wahrnehmen können, oder wird sich der Fluss der Zeit letztlich als ausschließlich ein mentales Konstrukt, eine Illusion oder ein Irrtum des Bewusstseins herausstellen?"

Das Gefühl des Zeitflusses ist in der Tat ein mentales Konstrukt, zumindest weil wir die Welt um uns herum von unserem eigenen Kopf aus wahrnehmen. Auch das Sehen, ebenso wie Geräusche und Gerüche, sind mentale Konstrukte. Es handelt sich um Illusionen in dem Sinne, dass sie in der Außenwelt nicht existieren, aber sie haben eine adaptive Bedeutung, weil sie mit realen physikalischen Phänomenen korrelieren: der Länge einer elektromagnetischen Welle, einer bestimmten Menge von Schallwellen oder der chemischen Struktur von Molekülen.

In der objektiven Welt gibt es keine blaue Farbe, Blau ist eine Illusion, die durch elektromagnetische Strahlung mit einer Wellenlänge von 470 nm hervorgerufen wird. In der objektiven Welt gibt es keine unangenehmen Gerüche, aber es gibt zum Beispiel Schwefelmoleküle, die das Gehirn als Geruch von faulen Produkten interpretiert.

Jede solche Illusion hat eine adaptive Bedeutung, weil sie streng mit realen physikalischen Phänomenen korreliert.

Eine fundamentalere Ebene der Realität

Auch der theoretische Physiker Brian Greene versucht, das Gefühl des Zeitflusses im Rahmen des Blockuniversums zu erklären, indem er jeden Moment in der Raumzeit mit einem Einzelbild eines Films vergleicht. Viele glauben jedoch, dass dies keine Erklärung ist, sondern eher ein Versuch, der Antwort auszuweichen.

Vielleicht hilft uns der Kampf verschiedener Ideen, die Natur der Zeit besser zu verstehen. Oder vielleicht ist sie sogar noch unerforschter und seltsamer, als wir im Moment denken.

Kürzlich erschien ein Buch mit dem Titel "Nonlocality" des Wissenschaftsjournalisten George Musser. Es kombiniert Beweise für die Existenz einer fundamentaleren Ebene der Realität, als wir denken, und dass die Raumzeit nur eine Ableitung davon ist.

Zitat von Tim Maudlin, Professor an der New York University und einer der weltweit führenden Philosophen der Physik:

"Die Welt ist nicht nur eine Ansammlung von getrennt existierenden, lokalisierten Objekten, die äußerlich nur durch Raum und Zeit verbunden sind. Etwas Tieferes, Geheimnisvolleres verbindet das Gewebe des Universums. Wir sind gerade erst an dem Punkt in der Entwicklung der Physik angelangt, an dem wir anfangen können, darüber zu spekulieren, was das sein könnte."

Kapitel 4: Die Natur des Raumes

Der flüchtige Raum

Raum ist etwas, das wir als selbstverständlich betrachten. Wir leben in ihm, wir bewegen uns durch ihn, aber können wir ihn tatsächlich sehen oder berühren? In Wirklichkeit ist der Raum als physikalisches Phänomen kein beobachtbares Objekt. Wir können auf Objekte im Raum zeigen, auf ihre Wechselwirkungen, aber nicht auf den Raum selbst.

Wenn wir mit der Hand durch die Luft winken, könnten wir sagen, dass diese Leere der Raum ist. Aber das ist nur eine Illusion. Raum ist nicht Leere, er hat seine eigenen Eigenschaften und beeinflusst die Materie.

Raum ist ein grundlegendes Konzept in der Physik. Die gesamte Physik untersucht, wie sich Objekte im Raum bewegen, und der Raum definiert praktisch alle Größen, mit denen sich die Physik beschäftigt: Entfernung, Größe, Form, Position, Geschwindigkeit, Richtung.

Einige wissenschaftliche Arbeiten auf dem Gebiet der Spitzenphysik legen jedoch nahe, dass das, was wir Raum nennen, in Wirklichkeit eine sehr verdächtige Sache ist. Der Raum zwischen Ihren Augen und einem Buch birgt ein großes Geheimnis.

Theoretische Physiker wie Max Tegmark, David Gross und Nathan Seiberg äußern Zweifel an der Fundamentalität von Raumzeit. Sie glauben, dass dies nur ungefähre Konzepte sind, die bald durch etwas Raffinierteres ersetzt werden.

Nathan Seiberg argumentiert sogar, dass Raum und Zeit Illusionen sind, primitive Konzepte, die bald durch etwas Komplexeres ersetzt werden. Er vergleicht den Raum mit der Leinwand eines Gemäldes, die entfernt werden kann, aber die auf der Leinwand gemalten Objekte bleiben erhalten.

Aber wenn die Raumzeit nicht fundamental ist, worum geht es dann in der Physik? Schließlich untersucht die gesamte Physik, was in Raum und Zeit geschieht. Wenn es keine Raumzeit gibt, worum geht es dann in der Physik?

Wie unsere Sinne uns täuschen

Nachdem ich Donald Hoffmans Buch "The Case Against Reality: How Evolution Hid the Truth from Our Eyes" gelesen hatte, entdeckte ich, dass es unglaubliche und unplausible Dinge für die traditionelle Wahrnehmung enthält. Der Autor ist ein seriöser Kognitionswissenschaftler, der mathematische Modelle verwendet und überprüfbare Hypothesen aufstellt. Auf Lex Fridmans Kanal zum Beispiel ist der Podcast mit Hoffman der beliebteste in der Geschichte des Kanals.

Hoffmans Ideen sind kühn für das traditionelle Verständnis, aber das gefällt mir, weil sie uns zwingen, unsere etablierten Vorstellungen von der Realität zu überdenken. Sie eröffnen neue Horizonte für die Forschung und ermöglichen es uns, tiefer zu verstehen, wie unser Gehirn und unsere Sinne mit der Außenwelt interagieren. Hoffman schlägt vor, die Welt nicht nur als objektive Realität zu sehen, sondern als ein komplexes System, in dem unsere Wahrnehmung nur ein Werkzeug ist, das für unser Überleben geschaffen wurde. Das lässt uns über die grundlegenden Aspekte der Existenz nachdenken und darüber, wie wir dieses Wissen für die Entwicklung von Wissenschaft und Technologie nutzen können.

Das wird noch spannender, nachdem man das Buch "Nonlocality" von George Musser gelesen hat, in dem ähnliche Themen aus einer anderen Perspektive beleuchtet werden. Empfehlungen von so prominenten Wissenschaftlern wie Frank Wilczek und Mario Livio verleihen diesen Ideen Gewicht und bestätigen ihre Bedeutung in der aktuellen wissenschaftlichen Diskussion.

Computermodellierung der Evolution

Donald Hoffman stützt sich stark auf Computermodellierungsmethoden, wie z. B. die Simulation des

Evolutionsprozesses. Die Ergebnisse dieser Berechnungen sprechen von so kontraintuitiven Dingen, dass man sie kaum glauben kann.

Hoffman behauptet zum Beispiel, dass unser Bewusstsein kein Produkt der Evolution ist, sondern im Gegenteil, Bewusstsein ist eine fundamentale Eigenschaft der Realität, und es ist das Bewusstsein, das die Illusion von Raum und Zeit erzeugt.

All dies führt uns zu einer interessanten Schlussfolgerung: Unsere Wahrnehmung der Realität, einschließlich Zeit und Raum, muss nicht unbedingt die objektive Wahrheit widerspiegeln. Stattdessen wird sie von der Evolution geprägt, die nach maximaler Anpassungsfähigkeit des Organismus an die Umwelt strebt.

Diese Idee lässt sich durch den Satz "Fitness schlägt Wahrheit" ausdrücken. Unser Gehirn strebt nicht nach einer absolut genauen Widerspiegelung der Realität, sondern schafft vielmehr ein vereinfachtes Modell, das es uns ermöglicht, effektiv mit der Welt zu interagieren und zu überleben.

Wenn wir zum Beispiel unsere Augen öffnen, werden Milliarden von Neuronen und Billionen von Synapsen aktiviert. Etwa ein Drittel der Großhirnrinde, unsere am weitesten entwickelte Rechenleistung, ist am Sehvorgang beteiligt.

Das ist nicht ganz das, was man erwarten würde, wenn das Sehen nur so etwas wie das Aufnehmen eines Videos wäre. Schließlich gab es Kameras lange vor der Ära der Computer. Was also berechnet das Gehirn, wenn wir schauen?

Beginnen wir mit einem Lebewesen, das den sichtbaren Raum in gewisser Weise viel besser versteht als wir. Für ihn sind Menschen nur Punkte, die sich auf einer Ebene bewegen. Das ist eine Silbermöwe.

Wie nehmen Möwen Ihrer Meinung nach die Welt um sich herum wahr? Man kann davon ausgehen, dass das Sehen für sie das wichtigste Wahrnehmungsinstrument ist, da sie fliegen. Und ein Mensch erhält fast 90 % der Informationen über die Welt um ihn herum durch das

Sehen. Also nehmen wir und die Möwen die Realität mehr oder weniger gleich wahr, oder?

Das klingt logisch, aber die richtige Antwort lautet: Wir haben keine Ahnung, wie die Welt dieses Vogels aussieht.

Nikolaas Tinbergens Forschung

Stellen Sie sich ein Objekt vor, das als langer roter Stab mit drei weißen Ringen beschrieben werden kann (Abbildung 3). Aber wenn Sie ein frisch geschlüpftes Silbermöwenküken wären, würden Sie stattdessen Ihre Mutter sehen.

Abbildung 3. Ein Stab mit drei weißen Ringen.

In den 1950er Jahren führte der Biologe und Nobelpreisträger Nikolaas Tinbergen eine Forschung durch, die in seinem Buch "The Herring Gull's World" ausführlich beschrieben ist. Tinbergen versuchte zu verstehen, wie frisch geschlüpfte Küken ihre Mutter immer unmissverständlich erkennen und sie nicht mit anderen Objekten verwechseln. Es ist wichtig für das Küken, seine Mutter zu erkennen, denn um Nahrung zu bekommen, muss es an ihrem Schnabel picken, woraufhin sie ihm teilweise verdaute Nahrung durch ihren offenen Mund übergibt.

Tinbergen, der Experimente mit Attrappen von Möwen durchführte, stellte fest, dass die Küken eine echte Möwenmutter nicht von einer Attrappe eines Kopfes auf einem Stock unterschieden. Sie bemerkten nicht einmal den Unterschied, ob die Attrappe flach war oder nur aus einem Schnabel bestand.

In der Welt eines hungrigen Kükens gibt es kein Volumen oder irgendwelche Details, nur eine bedingte Form und Farbe. Die Farbe ist höchstwahrscheinlich darauf zurückzuführen, dass die Möwenmutter einen roten Fleck auf ihrem Schnabel hat. Also nur sehr bedingt Form und Farbe.

Man könnte annehmen, dass die Küken einfach noch fast blind sind, da sie gerade erst geschlüpft sind. Das dachte Tinbergen anfangs auch, aber Tests zeigten, dass das Sehvermögen der Küken in bester Ordnung war.

Schließlich stellte Tinbergen, geleitet von gesammelter Erfahrung und Verständnis, einen langen roten Stab mit drei weißen Ringen her und stellte fest, dass die Küken von diesem Modell, das sehr weit vom Original entfernt war, noch hartnäckiger um Futter bettelten als von ihrer echten Mutter.

Verschiedene Objekte, gleiche Erfahrung

Wir haben also eine Reihe von völlig unterschiedlichen physischen Objekten, die dennoch bei einem Lebewesen absolut die gleiche innere Erfahrung hervorrufen. Was ist das überhaupt?

Donald Hoffman argumentiert, dass an solchen Dingen eigentlich nichts Seltsames ist, denn die Evolution, egal wie man denkt, fördert keine wahre Wahrnehmung der Welt.

Hoffman und seine Kollegen führten Hunderttausende von simulierten Evolutionsspielen durch. In diesen mathematischen Simulationen wurden verschiedene Umgebungen erzeugt, und drei Arten von Organismen konkurrierten in jeder Umgebung um Ressourcen:

- Organismen, die die Realität so sahen, wie sie ist.
- Organismen, die nur einen Teil der Realität sahen.

- Organismen, die keine Realität sahen und nur einen grundlegenden Anpassungsmechanismus hatten.

Der Computer berechnete die Evolution und Interaktion dieser drei Arten von Organismen in jeder Umgebung. Und wer, glauben Sie, hat letztendlich den Wettbewerb um die Ressourcen gewonnen?

Laut Hoffman rottet die Evolution durch natürliche Selektion methodisch jede zuverlässige Wahrnehmung der Realität aus, weil eine zuverlässige Wahrnehmung ineffizient ist.

Stellen Sie sich vor, dass unter den Möwenküken plötzlich eines auftaucht, das die objektive Realität sieht. Man könnte meinen, dass dies seine Überlebenschancen erheblich erhöhen würde. Aber in Wirklichkeit wird, während es herausfindet, ob dies seine Mutter ist, die gesamte Nahrung von anderen Küken gefressen werden, die sofort reagieren, sobald sie eine längliche Form mit einem roten Element sehen.

Ein Organismus, der die objektive Realität sieht, ist immer weniger angepasst als ein Organismus gleicher Komplexität, der nur das sieht, was er zum Überleben braucht. Das Sehen der objektiven Realität führt zum Aussterben.

Vereinfachung der Realität zum Überleben

Die Evolution verbirgt die unnötige Komplexität der Welt um uns herum und lenkt Handlungen in eine rein angewandte Richtung. Eine Möwenmutter in einem roten Stab mit drei weißen Streifen zu sehen, ist aus Sicht der Anpassungsfähigkeit von Vorteil.

Natürlich ist die Welt einer Möwe, insbesondere einer erwachsenen Möwe, nicht auf ihre Mutter beschränkt. Aber laut Hoffman ist jede Interaktion einer Möwe mit der Außenwelt durch ähnliche vereinfachende Mechanismen aufgebaut.

Schauen Sie sich jetzt ein beliebiges Objekt in Ihrer Umgebung an. Der im Laufe der Evolution entstandene Wahrnehmungsmechanismus sagt uns, dass der Ball ein Würfel ist. Aber wir können hingehen und ihn anfassen, um sicherzugehen.

Menschen können, wie frisch geschlüpfte Küken, nicht verstehen, dass die weiße Farbe des Bildschirms nicht wirklich weiß ist. Der Bildschirm hat nur blaue, rote und grüne LEDs, und wenn sie gemischt werden, entsteht Licht, das wir als weiß wahrnehmen, aber in Wirklichkeit ist es das nicht. In der Natur ist echtes weißes Licht Sonnenlicht, das sich als physikalische Einheit stark von dem unterscheidet, was Sie jetzt sehen.

Aber für unsere Wahrnehmung ist der Unterschied gleich null, denn dieser Mangel hat unsere Vorfahren in keiner Weise daran gehindert, sich fortzupflanzen.

Das Theorem "Fitness schlägt Wahrheit"

Es ist wichtig zu verstehen, dass sich jede Empfindung eines jeden Lebewesens nicht entwickelt hat, um die objektive Realität widerzuspiegeln, sondern nur um so schnell und effizient wie möglich auf Reize zu reagieren, die für das Überleben notwendig sind, während ein Minimum an Energie verbraucht wird. Das gilt nicht nur für das Sehen, sondern für jedes Sinnesorgan.

Hoffman nennt dies das Theorem "Fitness schlägt Wahrheit", weil er einen mathematischen Beweis verwendet. Natürlich ist es sehr schwierig, die Grenzen der menschlichen Wahrnehmung zu untersuchen, während man ein Mensch ist. Aber auf jeden Fall, warum sollten wir mit unseren komplexen Sinnen glauben, dass wir die Realität so wahrnehmen, wie sie wirklich ist?

Je komplexer die Sinne werden, desto geringer ist die Chance, dass sie irgendeine Wahrheit über die objektive Realität enthüllen. Betrachten Sie zum Beispiel ein Auge mit zehn Photorezeptoren, von denen jeder zwei Zustände hat. Die Fitness-Theorie besagt, dass die Wahrscheinlichkeit, dass ein solches Auge die Realität sieht, höchstens zwei von tausend beträgt. Bei zwanzig Photorezeptoren liegt die Wahrscheinlichkeit bei zwei zu einer Million. Bei vierzig Photorezeptoren liegt sie bei eins zu zehn Milliarden. Das menschliche

Auge hat 130 Millionen Photorezeptoren, und die Wahrscheinlichkeit, dass es die objektive Realität sieht, ist praktisch null.

Kritik der reinen Vernunft von Immanuel Kant

Donald Hoffmans Ideen mögen trotz ihrer mathematischen Begründung zweifelhaft erscheinen. Das ist kein neues Konzept. Vor mehr als 200 Jahren äußerte der deutsche Philosoph Immanuel Kant in einem der grundlegendsten Werke der Philosophiegeschichte mit dem Titel "Kritik der reinen Vernunft" ähnliche Gedanken.

Kant argumentierte, dass die Objekte und Phänomene, die wir beobachten, keineswegs das sind, was in der Realität existiert. Stellen Sie sich zur Verdeutlichung ein Foto vor: Unsere Wahrnehmung ist ein Stoff, der etwas umhüllt. Dieses "Etwas" existiert in der Realität, und Kant nennt es das "Ding an sich". Wir haben keinen direkten Zugang zu diesem "Ding an sich", wir können diesen Stoff nicht abreißen, weil wir selbst dieser Stoff sind.

Dieser Analogie folgend, beobachten wir Objekte nicht einfach passiv, wir "fühlen" sie in unserem Bewusstsein. Diese Erfahrung kann uns jedoch nichts über die wirklichen Eigenschaften dieser Objekte sagen, denn unter dem Stoff kann sich alles Mögliche befinden: ein Würfel, eine Schachtel oder sogar ein Computer-Systemgerät.

Wenn Sie laut Kant ein Objekt betrachten und einen Apfel sehen, bedeutet das nicht, dass ein Apfel in der realen Welt existiert. Es gibt "etwas", das Sie dazu bringt, einen Apfel zu erleben, aber Sie können nicht wissen, was dieses "etwas" ist. Dieses "Etwas", das uns dazu bringt, einen Apfel zu erleben, befindet sich im Allgemeinen außerhalb von Raum und Zeit, denn aus Kants Sicht sind Raum und Zeit keine Eigenschaften der Außenwelt, sondern Arten, unsere Erfahrung zu organisieren.

Einfach ausgedrückt, sind Raum und Zeit für uns nicht etwas, das wir zuerst erfahren und dann als Idee abstrahieren. Nein, das ist es, was wir vor jeder Erfahrung haben, wie zum Beispiel die Angst vor der

Dunkelheit. Wir erleben die Angst vor Steckdosen und abstrahieren sie, aber wir haben instinktiv Angst vor der Dunkelheit.

In Kants Analogie sind Raum und Zeit Eigenschaften unseres Wahrnehmungsgewebes. Sie mögen fragen, warum wir die Ideen dieses alten Philosophen brauchen?

Nobelpreis für einen Schlag gegen den Realismus

Wer hätte gedacht, dass eines Tages eine bedeutende wissenschaftliche Grundlage gefunden werden könnte, um diese Ideen zu unterstützen? Vor kurzem, im Jahr 2022, wurde der Nobelpreis für Physik an drei Wissenschaftler verliehen, insbesondere für Experimente, die die Grundlagen des Realismus zu widerlegen scheinen.

Realismus in der Physik ist die Annahme, dass die Natur, wie wir sie kennen, unabhängig vom Messprozess existiert. In einem Experiment mit verschränkten Teilchen, die völlig unabhängig zu sein scheinen, aber bei der Messung des Zustands eines Teilchens wird der Zustand des anderen immer entgegengesetzt, und dies geschieht mit unendlicher Geschwindigkeit. Es ist wichtig, dass Sie wählen können, in welchem Winkel die Messung durchgeführt werden soll, und somit beeinflussen Sie das Ergebnis direkt. Das heißt, Sie legen den Rahmen fest, in dem das Teilchen agieren kann, und es passt sich an.

Der Trick besteht darin, dass das zweite Teilchen, auch wenn es sich auf der anderen Seite des Universums befindet, sofort erfährt, in welchem Winkel sein Gefährte gemessen wurde, und sofort den entgegengesetzten Wert annimmt, als ob es keine Entfernung zwischen ihnen gäbe.

Viele Wissenschaftler glaubten, dass es keine sofortige Verbindung gab, und sagten, dass die Teilchen vereinfachte Versionen aus einem Satz seien: Wenn man eines nahm und sah, dass es rechts war, dann wäre das andere definitiv links. Aber derselbe Nobelpreis wurde insbesondere für die experimentelle Bestätigung der Verletzung der Bellschen Ungleichungen verliehen. In verständliche Sprache übersetzt bedeutet dies, dass, wenn die Teilchen Handschuhe wären, keiner von ihnen rechts oder links wäre, bis sie gemessen würden.

Zusammenfassend lässt sich sagen, dass Teilchen erstens keine Eigenschaften haben, bis sie gemessen werden, und zweitens, dass, wenn ein Teilchen gemessen wird, das andere sofort davon erfährt. Und Physiker bemerken, dass diese Idee der Magie näher kommt als alles, was sie bisher gesehen haben.

George Musser erklärt in seinem Buch "Nonlocality", dass die Quantenverschränkung, die die Nichtlokalität der Welt bedeutet, Einstein so beunruhigte, dass er sie "spukhafte Fernwirkung" nannte. Wir haben in den vorherigen Abschnitten darüber gesprochen, aber lassen Sie uns dieses Phänomen genauer analysieren.

Nichtlokalität

Im Alltag wissen wir, dass man ein Objekt berühren muss, um es zu bewegen. Ein Objekt wird nur von seiner unmittelbaren Umgebung beeinflusst. Oder damit eine Aktion an einem Punkt einen anderen Punkt beeinflusst, muss etwas im Raum zwischen diesen Punkten diese Aktion vermitteln. Zum Beispiel geschieht die Steuerung eines Spielzeughelikopters von einer Fernbedienung nicht durch magischen Einfluss, sondern durch Radiowellen. Dies ist das sogenannte Prinzip der Lokalität. Das heißt, jedes Objekt im Universum hat seinen eigenen Platz, und diese Objekte sind durch Ozeane des Raums voneinander getrennt.

Wenn man darüber nachdenkt, scheint es, dass dies der einzige Weg ist, wie es sein sollte. Deshalb waren zu Newtons Zeiten viele sehr besorgt über sein Gravitationsgesetz. Dieses Gesetz besagte, dass Äpfel fallen und Planeten in der Nähe der Sonne bleiben, weil alles im Universum alles andere anzieht. Die Leute waren nicht darüber besorgt, sondern weil diese Kraft nach Newtons Vorstellung sofort auf Distanz wirkt. Heben Sie einen Finger auf der Erde, und alle entfernten Planeten im Universum werden sofort erzittern. Ein bisschen, aber es macht es nicht einfacher. Die Schwerkraft springt von der Erde zum Apfel und vom Finger zu den Planeten und ignoriert den leeren Raum dazwischen. Je länger man darüber nachdenkt, desto erschreckender scheint es.

Einstein beruhigte alle, indem er mit seinen Relativitätstheorien demonstrierte, dass der Gravitationseinfluss durch die Lichtgeschwindigkeit begrenzt ist. Können Sie sich an Ihre Reaktion erinnern, als Sie zum ersten Mal erfuhren, dass sich nichts schneller als Licht bewegen kann? Ich erinnere mich, dass ich dachte, es sei seltsam und irgendwie aus dem Nichts gegriffen.

Viele Menschen ärgern sich darüber, dass es in der Welt, in der wir leben, eine unverständliche Geschwindigkeitsbegrenzung gibt. Und das ist natürlich traurig, dass die Grenze der Bewegungsgeschwindigkeit uns die Möglichkeit langer Raumreisen nimmt. Aber etwas anderes ist wichtig: Sie würden nicht in einer Welt ohne diese Einschränkung leben wollen.

Wenn es keine Geschwindigkeitsbegrenzung gäbe, dann würden verschiedene abstoßende Situationen auftreten. Zum Beispiel beschrieb der französische Mathematiker Paul Painlevé einen Fall, in dem ein Stern mit unendlicher Geschwindigkeit aus einem Schwarzen Loch fliegen könnte. Das heißt, ein solcher beschleunigter Stern von jedem unendlich entfernten Punkt im Universum könnte unser Sonnensystem sofort zerstören, und wir hätten nicht einmal Zeit, es zu verstehen oder zu bemerken oder sogar irgendwie eine solche Situation zu berechnen.

Tatsächlich ist es noch schlimmer. Nach der Relativitätstheorie können bei Überschreitung der Lichtgeschwindigkeit Ursache-Wirkungs-Beziehungen verletzt werden. Die bekannten Gesetze der Physik besagen also, dass überhaupt ein Killerstern aus der Zukunft zu uns fliegen könnte. Unendliche Geschwindigkeit ist keine intuitive Sache, und sie löscht oft den Begriff des Raums aus. Sobald man die Worte "unendliche Geschwindigkeit" sagt, wird klar, dass hier etwas nicht stimmt. Unendlich schnelle Bewegung hat kaum das Recht, Bewegung genannt zu werden. Das Objekt, das sich "bewegt", ist bereits am Ziel. Wie kann man also sagen, dass es sich dorthin bewegt?

Stellen Sie sich eine Situation vor, in der ein Ball aus einer anderen Galaxie einen Ball in Ihrem Garten treffen und zurückkommen kann, wobei er null Zeiteinheiten für all dies aufwendet. Diese Situation wäre völlig nicht intuitiv. Oder eine Situation, in der ein Ball einfach auf magische Weise einen anderen beeinflusst, oder eine Situation, in der es tatsächlich keinen Raum zwischen den beiden Bällen gibt.

Verstehen Sie, warum verschränkte Teilchen zumindest eine alarmierende Glocke sind? Wenn Sie es nicht verstehen, dann ist es für Physiker zum Beispiel so wichtig, den Begriff des Raums und das Fehlen solcher Magie in unserer Welt zu bewahren, dass sie bereit sind, die Existenz jeder anderen Magie zuzugeben, nur um diese Aktion auf Distanz zu erklären.

Die Hypothese des Superdeterminismus, die wir auch in früheren Abschnitten betrachtet haben, lautet, dass genau geplant wurde, wie jeder Experimentator in jedem Labor der Welt Messungen durchführen wird. Das heißt, im Moment der Erschaffung des Universums wurden alle Anfangsbedingungen in seine grundlegende Struktur gelegt, einschließlich eines detaillierten Zeitplans jeder Messung, jedes Detektors, jedes Experimentators. Das gesamte Universum wurde so programmiert, dass es die entsprechenden Ergebnisse liefert und die Illusion einer sofortigen Verbindung zwischen verschränkten Teilchen erzeugt. Eine solche Erklärung ist natürlich äußerst unbequem und erfordert die Erkenntnis, dass wir alle nach einem vorgefertigten Drehbuch handeln, wie Schauspieler in einem grandiosen kosmischen Stück.

Superdeterminismus

Superdeterminismus ist das Konzept, dass alles im Universum, einschließlich jedes Experiments und jeder Messung, im Moment des Urknalls vorbestimmt war. Es scheint dem Experimentator, dass er frei ist, Photonen in jedem Winkel und zu jeder Zeit zu messen, die er will. Aber tatsächlich sind alle seine Handlungen streng programmiert, um Teilchen so zu registrieren, dass sie konsistent aussehen, obwohl es keine wirkliche Konsistenz gibt.

Das heißt zum Beispiel, damit der Experimentator kein für das Universum unerwünschtes Experiment durchführt, kann seine Nase anfangen zu jucken oder seine Frau kann ihn anrufen usw. Sie fragen sich vielleicht, was für ein paranoides Wahnsystem das ist? Diese Hypothese wird jedoch zum Beispiel vom Nobelpreisträger für Physik und einem der Gründer des Standardmodells, Gerard 't Hooft, unterstützt. Er glaubt, dass Lokalität so wichtig ist, dass Physiker sogar verrückt klingende Ideen in Betracht ziehen sollten, um sie zu bewahren. Und dass ohne Lokalität die grundlegenden Gesetze der Physik sehr schwer oder sogar unmöglich zu formulieren wären.

't Hooft argumentiert, dass ein neues Gesetz der Physik in der Lage sein könnte, die Eigenschaften von Teilchen mit der Art und Weise in Einklang zu bringen, wie Menschen sich entscheiden, sie zu messen. Was heute wie eine Verschwörung aussieht, könnte das Ergebnis eines Erhaltungsgesetzes sein, von dem wir noch nichts wissen.

Teilchen als Kristallkugeln

Eine ebenso verrückte Art, die Lokalität zu bewahren, ist die Annahme, dass Teilchen in der Lage sind, die Zukunft zu sehen und dass Teilchen von Ereignissen beeinflusst werden können, die aus unserer Sicht in der Zukunft stattfinden sollen. Nach dieser Hypothese muss die Zukunft in der Lage sein, die Gegenwart auf die gleiche Weise zu beeinflussen wie die Vergangenheit. Teilchen können geboren werden, die bereits eine Erinnerung an das haben, was passieren wird. Insbesondere können sie sich die Einstellungen der Polarisatoren merken, denen sie später begegnen werden, und bereit sein, entsprechend zu reagieren.

Diese Idee wurde zum Beispiel bereits von den Physikern Richard Feynman und John Wheeler, die eindeutig keiner Einführung bedürfen, ernst genommen. Das heißt, ja, aus Sicht der Wissenschaftler sind diese Optionen viel besser als die Zerstörung des Raums. Und wenn das Problem nur in verschränkten Teilchen läge...

Das Blasenparadoxon

Schalten Sie die Glühbirne ein. Die Atome im Glühfaden beginnen, Photonen auszusenden. Wie stellen Sie sich diesen Prozess vor? Stellen Sie sich das allererste Photon vor, das aus der Lampe flog. Aus Sicht des Laien sagt die Mechanik, dass die Flugrichtung des Photons durch kein bekanntes physikalisches Gesetz bestimmt wird. Das Photon aus Ihrer Lampe fliegt sozusagen gleichzeitig in alle Richtungen und bildet eine Blase, die im Raum wächst. Und erst wenn die Blase ein Objekt erreicht, platzt sie mit einer gewissen Wahrscheinlichkeit und konzentriert die gesamte Energie der Blase an einem bestimmten Ort. Physiker nennen dies den Kollaps der Wellenfunktion. Sie sehen Licht von einer Lampe, weil viele solcher Blasen auf der Netzhaut Ihrer Augen platzen. Dies gilt nicht nur für das Licht Ihrer Lampe, sondern auch für jede andere Lichtquelle, wie entfernte Sterne oder Galaxien.

Wenn Sie das Problem noch nicht sehen, dann ist eines der entferntesten Objekte, die mit bloßem Auge gesehen werden können, die Andromeda-Galaxie, die etwa 2,5 Millionen Lichtjahre von uns entfernt ist. Denken Sie jetzt darüber nach, was passiert, wenn Sie diese Galaxie betrachten. Blasen, die sich vor 2,5 Millionen Jahren auszubreiten begannen (Menschen gingen damals noch nicht einmal auf zwei Beinen), erreichten einen Durchmesser von 5 Millionen Lichtjahren, kollabieren sofort auf der Netzhaut Ihres Auges und tun dies sofort. Teile der Blase, die 5 Millionen Lichtjahre voneinander entfernt sind, erfahren sofort, dass sie sich nicht weiter ausbreiten müssen, als ob der Raum für sie keine Bedeutung hätte.

Dies ist das sogenannte Blasenparadoxon. Wieder wird jemand sagen, dass diese Photonen eine Kleinigkeit sind und es in der Quantenmechanik um den Mikrokosmos geht. Aber Photonen sind die häufigsten Teilchen im Universum, die vom Standardmodell beschrieben werden, und soweit die Menschen heute beurteilen können, ist die Quantenmechanik keine Theorie des Mikrokosmos, sondern eine Theorie der Welt, Punkt.

Alles besteht aus kleinsten Teilchen. Damit Sie das Ausmaß des Problems zumindest irgendwie einschätzen können, hat Einstein versucht, eine Pause vom Nachdenken über ein solches Verhalten des

Lichts einzulegen, wissen Sie, was er getan hat? Er schuf die allgemeine Relativitätstheorie.

Nichtlokalität überall

Physiker entdecken immer mehr verdächtig mysteriöse nicht-lokale Phänomene. Sie alle mögen völlig unabhängig und voneinander entfernt erscheinen, aber Wissenschaftler sagen, dass genau das der Punkt ist: Sie sind auf einer tieferen Ebene verbunden. Sie mögen unwürdig erscheinen und sehr weit von unserer Alltagserfahrung entfernt sein, aber vergessen wir nicht, dass ein paar Tropfen Wasser auf die Existenz eines Ozeans hindeuten können und der Blick auf einen fallenden Apfel zu einer Schlussfolgerung über die Möglichkeit Schwarzer Löcher führen kann. Seien Sie also sicher: Alle Beispiele für Nichtlokalität, wie Puzzleteile, werden sehr organisch in den Wahnsinn passen, über den wir etwas später sprechen werden.

Wenn wir zum Beispiel in den Nachthimmel schauen, scheint uns nichts Ungewöhnliches daran zu sein. Aber es scheint nur so, bis Sie herausfinden, dass Materie im frühen Universum auf so unterschiedliche Weise verteilt werden konnte, dass ihre Erlangung der gleichen Dichte und der gleichen Temperatur an allen Punkten nicht nur unwahrscheinlich, sondern fast unmöglich war. Zwei beliebige Galaxien oder zwei große Gashaufen an entgegengesetzten Enden unseres Himmels, ganz am Rande des beobachtbaren Teils des Universums, sind so weit voneinander entfernt, dass das Licht des Urknalls noch keine Zeit hatte, von einer Galaxie zur anderen zu reisen. Das heißt, Sie verstehen, sie sehen sich nicht einmal, sie konnten Energie oder Materie in keiner Weise austauschen, und doch sind sie sich sehr ähnlich.

Der amerikanische Physiker Charles Misner sagte: "Es ist äußerst schwierig zu erklären, warum der Himmel nicht mit Flecken übersät ist." Beobachtungen haben die Konsistenz von Objekten gezeigt, die nie eine physische Gelegenheit hatten, miteinander zu interagieren. Und 1972 wagte der russische Theoretiker Yakov Zeldovich die Behauptung, dass eine bestimmte Art von Quantennichtlokalität die Homogenität des Kosmos erklären könnte. Er wagte es, weil ich Sie daran erinnere, dass zu sagen, dass die Lokalität hier verletzt wird, bedeutet zu sagen, dass der Raum seine Funktionen nicht erfüllt. Und wenn Nichtlokalität in der Natur wirklich existiert, dann wird sie jede Wissenschaft zerstören, denn die Grundlage der wissenschaftlichen Methode ist die Identifizierung von Ursachen und die Vorhersage von Konsequenzen.

Aber wie werden Sie Ursache-Wirkungs-Beziehungen herstellen, wenn Objekte sich auf magische Weise sofort und in jeder Entfernung beeinflussen können? Wenn etwas die Lokalität in Frage stellt, stellt es auch den Raum in Frage, und deshalb stellt es Theorien in Frage, die auf dem Raum basieren. Und das ist für eine Sekunde jede Theorie, die wir haben.

Einstein verstand, dass das Prinzip der Lokalität und damit unser Verständnis von Raum falsch sein könnte. Ein paar Monate vor seinem Tod dachte Einstein darüber nach, was das Verschwinden des Raums für unser Verständnis der Welt bedeuten könnte. "Dann wird nichts von meinem Luftschloss übrig bleiben, einschließlich der Gravitationstheorie sowie der gesamten modernen Physik", sagte Albert Einstein. Sogar Niels Bohr, der in vielen anderen Fragen mit Einstein nicht einverstanden war, nannte Fernwirkung irrational und völlig unverständlich.

In der Zwischenzeit glauben Physiker, die Schwarze Löcher untersuchen, dass Materie in diesen kosmischen Staubsaugern von einem Ort zum anderen springen kann, ohne die Entfernung zwischen ihnen zu überwinden. Aber wie Mayer schreibt, liegt das Hauptgeheimnis nicht dort, sondern im Kern Schwarzer Löcher – in der Singularität. Wo glauben Sie, befindet sich die Singularität in einem Schwarzen Loch? Die allgemeine Relativitätstheorie besagt, dass Materie im Inneren eine unendliche Dichte erreicht und die Raumzeit wie eine überladene Tasche zerreißt.

Und die Frage "Wo ist die Singularität?" impliziert das Vorhandensein von Raum. Wie können wir fragen "wo", wenn der Raum, relativ zu dem die Position der Singularität bestimmt werden sollte, nicht mehr existiert? Wir können buchstäblich nicht mehr "dort" oder "hier" oder

"15 Meter nach rechts" sagen. Es ist ein Paradoxon, und so klingt auch die Antwort paradox: In einem Schwarzen Loch existiert die Singularität nirgendwo und gleichzeitig überall. Das ist nicht leicht zu kommentieren.

Wie wir sehen können, kriechen räumliche Anomalien von überall heraus: in Experimenten auf dem Quantenfeld, in den Paradoxien Schwarzer Löcher, in der großräumigen Struktur des Universums. In all diesen Beispielen betritt die Physik die Dämmerungszone. Entfernung kann ihre Bedeutung verlieren. Das Universum wird unkenntlich und erscheint in verschiedenen Kontexten. Sie haben eine auffallende Ähnlichkeit, was darauf hindeutet, dass Physiker verschiedene Teile desselben Elefanten berühren.

Das holographische Prinzip

"Wir glauben, dass es eine dreidimensionale Welt gibt, die existiert, auch wenn niemand sie betrachtet, und dass sie reale Objekte enthält, wie Äpfel und Wasserfälle." - Donald Hoffman

Schwarze Löcher sind erschreckende Objekte, die besser nicht existieren würden. Wenn Sie das nicht glauben, dann haben Sie sich einfach nie ernsthaft vorgestellt. Es scheint, dass so viele seltsame Dinge über sie gesagt wurden, wir haben gerade über die unverständliche Lage der Singularität im Inneren gesprochen. Nun, was können Sie noch hinzufügen? Aber nein, sie verblüffen weiterhin. Im Allgemeinen berechneten Yakov Kenten und Stephen Hawking, dass Schwarze Löcher ihre Größe auf eine äußerst verdächtige Weise erhöhen, atypisch für die dreidimensionale Welt. Stellen Sie sich vor, Sie haben eine Box, in die ein Gegenstand passt. Wenn Sie eine andere Schachtel nehmen, deren Kantenlänge doppelt so groß ist, dann ist die Fläche ihrer Oberfläche viermal größer und das Volumen achtmal größer. Das heißt, wenn Sie ein Objekt in die erste Schachtel stopfen können, passen acht der gleichen Objekte in die zweite. Dies ist das sogenannte Quadrat-Würfel-Gesetz, das Galileo vor 400 Jahren demonstrierte. So funktioniert Geometrie in der dreidimensionalen Welt. Können Sie sich vorstellen, dass es anders funktioniert?

Aber die Sache ist die, dass dies überhaupt nicht für Schwarze Löcher gilt. Nun, das heißt, schauen Sie, aus unserer Sicht wäre es normal, wenn alles wie mit einer Box wäre. Das heißt, wenn eine Verdoppelung des Radius eines Schwarzen Lochs die Fläche seiner Kugel wie erwartet um das Vierfache und das Volumen und dementsprechend die Kapazität um das Achtfache erhöhen würde. Dies geschieht jedoch nicht. Gehen wir langsam vor: Wenn sich der Radius eines Schwarzen Lochs verdoppelt, erhöht sich die Fläche seiner Kugel erwartungsgemäß um das Vierfache, aber sein Volumen erhöht sich nicht wie erwartet um das Achtfache, sondern auch um das Vierfache. Das heißt, es ist, als hätten wir im Beispiel mit der zweiten Box visuell Platz für acht Objekte bekommen, aber wir konnten trotz des scheinbaren Raumvolumens im Inneren nur vier stopfen.

"Etwas würde Sie daran hindern, einen fünften Gegenstand dort zu platzieren. Dies ist nur in einem Fall möglich: Tatsächlich erhöht die Vergrößerung der Breite und Länge des Lochs seine Kapazität, aber die zusätzliche Höhe bringt nichts, als ob diese Messung illusorisch wäre."

- George Musser.

Das heißt, das Objekt Schwarzes Loch sieht dreidimensional aus, verhält sich aber wie ein zweidimensionales. Was ist das? Ein zweidimensionales Objekt im dreidimensionalen Raum?

Und hier ist der Haken. Schwarze Löcher sind keine kleinen, unmerklichen Teilchen. Sie können leicht das gesamte Sonnensystem verschlingen, aber sie sind sehr weit von uns entfernt, und deshalb könnte man denken, dass ihr seltsames Verhalten nichts mit uns zu tun hat. Diese Geschichte hat jedoch sehr weitreichende Konsequenzen.

Hawking und Kenten erkannten schnell, dass diese Regel nicht nur für Schwarze Löcher gilt, sondern auch für den gesamten anderen Raum. Wenn Sie nicht verstehen, wie das möglich ist, dann erklärt Donald Hoffman es mit einem einfachen Beispiel: Die maximale Informationsmenge, die sechs Kugeln enthalten können, ist größer als die maximale Informationsmenge, die eine große Kugel enthalten kann, in die diese sechs passen könnten. Das heißt, das Volumen spielt buchstäblich keine Rolle, nur die Oberfläche ist wichtig.

In unserer gewöhnlichen Welt, weit weg von Schwarzen Löchern, sehen Objekte jedoch auch dreidimensional aus, verhalten sich aber wie zweidimensionale. Ich möchte, dass Sie sehr gut verstehen, was gemeint ist. Wenn Sie versuchen, genau so viele Dinge zu stopfen, wie ein bestimmter Raumbereich visuell suggeriert, dann wird dieser Raumbereich zu einem Schwarzen Loch kollabieren, das bereits so viel Platz einnimmt, wie es braucht. Dies wird als holographisches Prinzip bezeichnet. Die Physiker Leonard Susskind und Gerard 't Hooft beschäftigten sich mit seiner Untersuchung. Susskind sagt: "Hier ist die Schlussfolgerung, zu der 't Hooft und ich gekommen sind: Die dreidimensionale Welt unserer gewöhnlichen Erfahrung, das Universum voller Galaxien, Sterne, Planeten, Häuser, Steine und Menschen - ist ein Hologramm, ein Bild der Realität, das auf einer entfernten zweidimensionalen Oberfläche kodiert ist." Dieses neue Gesetz der Physik, das holographische Prinzip genannt, besagt, dass alles innerhalb einer bestimmten Raumregion mit Hilfe von Informationsbits beschrieben werden kann, die sich an ihrer Grenze befinden.

Das holographische Prinzip und die AdS/CFT-Korrespondenz

Das holographische Prinzip und die AdS/CFT-Korrespondenz sind wichtige Konzepte in der modernen theoretischen Physik, die tiefgreifende und manchmal kontraintuitive Einblicke in die Natur von Raum, Zeit und Realität bieten.

Das holographische Prinzip, vorgeschlagen von Leonard Susskind und Gerard 't Hooft, besagt, dass alle Informationen, die in einem bestimmten Raumvolumen enthalten sind, auf seiner Oberfläche beschrieben werden können. Die Idee stammt aus der Forschung an Schwarzen Löchern. Wie Stephen Hawking zeigte, können Informationen über das von einem Schwarzen Loch absorbierte Material auf seinem Ereignishorizont kodiert werden, was zu der Annahme führte, dass dreidimensionaler Raum auf einer zweidimensionalen Oberfläche beschrieben werden kann.

Dieses Prinzip hat weitreichende Auswirkungen auf unser Verständnis des Universums. Es legt nahe, dass unsere dreidimensionale Welt ein Hologramm sein könnte, d.h. eine Projektion zweidimensionaler Informationen.

Die AdS/CFT-Korrespondenz (Anti-de Sitter/Conformal Field Theory), vorgeschlagen von Juan Maldacena, ist eine spezifische Umsetzung des holographischen Prinzips. Sie stellt eine Verbindung zwischen der Gravitationstheorie im (d+1)-dimensionalen Anti-de-Sitter-Raum (AdS) und der konformen Feldtheorie (CFT) im d-dimensionalen Raum her. Diese Korrespondenz legt nahe, dass Theorien in verschiedenen Dimensionen äquivalent sind und dass Gravitationsprozesse im AdS-Raum ohne Gravitation an seiner Grenze mithilfe der Feldtheorie beschrieben werden können.

Einfach ausgedrückt: Stellen Sie sich vor, wir haben zwei verschiedene Theorien: eine ist die Gravitationstheorie, die beschreibt, wie sich Objekte im Raum anziehen, und die andere ist die konforme Feldtheorie, die die Bewegung von Teilchen und andere physikalische Prozesse beschreibt.

Juan Maldacena schlug die Idee vor, dass diese beiden verschiedenen Theorien miteinander in Beziehung gesetzt werden können. Insbesondere schlug er vor, dass die Gravitationstheorie in einem bestimmten Raum, der als "Anti-de-Sitter-Raum" bezeichnet wird, mit der konformen Feldtheorie in einem Raum mit weniger Dimensionen in Beziehung gesetzt werden kann.

Diese Korrespondenz, bekannt als AdS/CFT, bedeutet, dass es möglich ist, Gravitationsphänomene im Raum der Gravitation zu beschreiben, ohne die Gravitation selbst zu verwenden. Stattdessen wird die konforme Feldtheorie in einem Raum mit weniger Dimensionen verwendet.

Beispiel mit Schwarzen Löchern und AdS/CFT

Schwarze Löcher sind zentrale Objekte für das Verständnis des holographischen Prinzips. Angenommen, es gibt ein Schwarzes Loch mit dem Radius R. Nach der gewöhnlichen dreidimensionalen Geometrie sollte das Volumen dieses Schwarzen Lochs als R^3 wachsen, aber das holographische Prinzip besagt, dass Informationen über dieses Schwarze Loch auf seiner Oberfläche kodiert werden sollten, deren Fläche als R^2 wächst. Dies bedeutet, dass die maximale Informationsmenge, die in einem Schwarzen Loch gespeichert werden kann, mit dem Quadrat des Radius wächst, nicht mit dem Würfel, der dem dreidimensionalen Volumen entspricht.

Molyneux's Problem

Molyneux's Problem wurde erstmals 1688 vom englischen Naturphilosophen William Molyneux in einem Brief an John Locke formuliert. Das Problem besteht im Wesentlichen darin, ob eine von Geburt an blinde Person, die im Erwachsenenalter das Augenlicht erhalten hat, in der Lage wäre, einen Würfel und eine Kugel sofort nur durch das Sehen zu unterscheiden, ohne den Tastsinn zu benutzen.

Locke und Molyneux kamen zu dem Schluss, dass eine solche Person nicht in der Lage wäre, einen Würfel und eine Kugel nur durch das Sehen zu unterscheiden. Sie glaubten, dass Erfahrung und Lernen notwendig sind, um eine Verbindung zwischen taktilen und visuellen Wahrnehmungen herzustellen.

George Berkeley unterstützte in seiner Arbeit "An Essay Towards a New Theory of Vision" (1709) ebenfalls diese Idee und stellte fest, dass die Verbindung zwischen der Welt der Berührung und der Welt des Sehens nicht natürlich ist, sondern nur durch Erfahrung hergestellt wird.

Heutzutage kann dieses Problem experimentell untersucht werden. Zum Beispiel leitete der indische Wissenschaftler Palan Singh zwischen 2007 und 2010 eine Studie mit fünf Patienten, die nach einer chirurgischen Behandlung von Katarakten das Augenlicht erhielten. Ihnen wurde innerhalb von 48 Stunden nach der Operation ein speziell entwickelter Test vorgelegt.

Die Ergebnisse zeigten, dass die Patienten nicht sofort taktiles Wissen über Formen mit visueller Wahrnehmung in Verbindung bringen konnten. Ihre Ergebnisse waren nicht besser als zufälliges Raten. Erst im Laufe der Zeit, durch Lernen und Erfahrung, begannen sie, Objekte besser zu erkennen, aber immer noch nicht zu 100%.

Diese experimentellen Daten unterstützen die Idee, dass die Verbindung zwischen verschiedenen sensorischen Systemen nicht angeboren ist, sondern durch Erfahrung geformt wird. Unsere Sinne, wie Sehen und Berühren, liefern verschiedene Arten von Informationen über die Welt um uns herum, und nur durch die Integration dieser Informationen mit Erfahrung können wir ein ganzheitliches Verständnis von Objekten schaffen.

Molyneux's Problem stellt unsere Vorstellungen von Wahrnehmung und Wissen in Frage. Woher wissen wir, was wir wissen? Warum glauben wir, dass das, was wir durch Berührung fühlen, dem entsprechen sollte, was wir sehen? Diese Fragen haben tiefgreifende philosophische und psychologische Auswirkungen.

Interface-Theorie der Wahrnehmung

Donald Hoffman bietet eine neue Perspektive auf unser Verständnis der Realität durch die sogenannte "Interface-Theorie der Wahrnehmung". Sie besagt, dass wir nicht wissen, was das wahre Universum ist, sondern unsere Wahrnehmung eine Art Code für Fitness ist, der uns hilft, in unserer Umgebung zu überleben und zu funktionieren.

Hoffman gibt eine Analogie zur Verwendung eines Computers. Stellen Sie sich vor, Sie schreiben einen Brief auf einem Computer und speichern ihn auf Ihrem Desktop. Sie sehen das Dateisymbol - ein blaues Rechteck in der Mitte des Desktops. Aber das bedeutet nicht, dass die Datei selbst ein blaues Rechteck ist und sich in der Mitte Ihres Computers befindet. Die Farbe und Form des Symbols sind nicht die wahren Eigenschaften der Datei, und ihre Position entspricht nicht der tatsächlichen Position der Datei im Speicher des Computers. Die Datei wird als eine Reihe von Informationsbits gespeichert, und die Position dieser Bits hat nichts mit dem Symbol auf dem Desktop zu tun.

Das Symbol versucht nicht, die wahre Natur der Datei zu vermitteln; im Gegenteil, sein Zweck ist es, diese Natur zu verbergen und den Benutzer vor unnötigen technischen Details zu bewahren. Wenn Sie Bits und elektrische Schaltungen manipulieren müssten, anstatt einfach auf das Symbol zu klicken, würden Sie viel mehr Zeit und Mühe für Aufgaben aufwenden.

Computer-Schnittstellen haben sich entwickelt, um die Komplexität des Innenlebens des Computers zu verbergen, und unsere Sinne tun dasselbe. Alles, was wir sehen und fühlen, ist die Benutzeroberfläche des Homo sapiens. Raum-Zeit ist unser Desktop, und physische Objekte, wie Löffel und Sterne, sind Schnittstellensymbole.

Wenn Sie fragen, ob der Mond wirklich existiert und ob wir seine wahre Farbe, Größe, Form und Position sehen, ist es, als würden Sie fragen, ob das Pinselsymbol im Grafikeditor Paint existiert, bevor Sie es zum Zeichnen auswählen, und ob dieses Symbol die wahre Farbe, Größe, Form und Position des Pinsels im Computer widerspiegelt. Die Interface-Theorie der Wahrnehmung besagt, dass unsere Wahrnehmung von Objekten nicht dazu gebildet wurde, die objektive Realität widerzuspiegeln, sondern um das einzige zu kommunizieren, was für die Evolution wichtig ist - Informationen über Fitness.

Zum Beispiel ist ein großer, furchterregender Bär nur ein Symbol. Aber warum nicht damit spielen? Tatsache ist, dass die Evolution kein Symbol für ionisierende Strahlung in unserer Schnittstelle geschaffen hat, sodass wir die Millionen von Partikeln, die unseren Körper jeden Tag schädigen, nicht spüren. Für die Evolution ist das nicht wichtig, weil es uns nicht daran hindert, aufzuwachsen und Kinder zu bekommen. Aber wenn Sie ein Strahlengefahrensymbol sehen, nehmen Sie es ernst, obwohl es nichts mit der Strahlung selbst zu tun hat.

Ebenso sollten wir das Schlangensymbol in unserer Schnittstelle aus demselben Grund nicht berühren, aus dem wir einen Torpedo auf einem U-Boot-Bildschirm vermeiden würden.

Die Evolution hat unsere Sinne geformt, um unser Leben zu retten, daher ist es besser, Symbole ernst zu nehmen. Aber ernst nehmen bedeutet nicht wörtlich. Wenn ich eine Schlange auf mich zukriechen sehe, sollte ich sie ernst nehmen, aber das bedeutet nicht, dass da etwas Braunes, Glattes und Scharfzähniges ist, wenn niemand hinschaut.

Donald Hoffman betrachtet auch unsere Wahrnehmung von Raum und Zeit als einen Code für den Energieaufwand, der erforderlich ist, um Ressourcen zu erhalten. Wenn es zum Beispiel eine Kalorie kostet, einen Apfel zu bekommen, dann wird er als in einer bestimmten Entfernung wahrgenommen. Jüngste Experimente bestätigen diese Idee: Menschen, die Getränke mit Glukose konsumieren, schätzen die Entfernung geringer ein als diejenigen, die Getränke mit künstlichem Süßstoff trinken. Auch trainiertere Menschen schätzen die Entfernung geringer ein als weniger trainierte Menschen.

Kritiker wie Michael Shermer erkennen an, dass die Interface-Theorie der Wahrnehmung ernsthafte Betrachtung verdient, äußern aber Zweifel an ihren Grenzen. Hoffman antwortet, dass Wissenschaft und Technologie es uns ermöglichen, unsere Welt besser zu verwalten, aber das bedeutet nicht, dass wir ihre wahre Natur verstehen. So wie Minecraft-Spieler immer geschickter darin werden, ihre Welten zu manipulieren, verstehen sie nicht unbedingt die komplexen Algorithmen hinter dem Spiel.

In Donald Hoffmans Überlegungen zum bewussten Realismus wird festgestellt, dass Bewusstsein eine Manifestation der mathematischen Natur der Realität darstellt. Nach diesem Konzept ist Bewusstsein nicht Teil des naturwissenschaftlichen Weltbildes, da die Welt, die wir erforschen, unsere Wahrnehmungsschnittstelle ist.

Bewusstsein passt laut Hoffman nicht in den Rahmen der Naturwissenschaften, da es nicht durch physikalische Prozesse erklärt werden kann. Zum Beispiel geben Versuche, subjektive Erfahrung auf die Aktivität von Neuronen im Gehirn zu reduzieren, keine vollständige Antwort auf die Frage nach der Natur des Bewusstseins.

Hoffmans Theorie des bewussten Realismus schlägt vor, Bewusstsein als eine Manifestation einer grundlegenderen Ebene der Realität zu betrachten, die mathematisch beschrieben werden kann und nicht auf physikalische Phänomene beschränkt ist.

Kapitel 5: Die mathematische Realität

Kosmologie und Magie

Wenn wir über echte Wissenschaft sprechen, gibt es ein ungelöstes Rätsel in ihrem Kern. Im Dezember 1998 erhielt Max Tegmark, ein renommierter Kosmologe, eine E-Mail, die ihm einige Sorgen bereitete. Es war ein Brief eines bekannten Professors, der seine Artikel kritisierte:

"Lieber Max, deine verrückten Artikel dienen dir nicht gut. Indem du sie bei renommierten Zeitschriften einreichst und sie nicht veröffentlicht bekommst, amüsierst du dich nur selbst. Als Herausgeber einer führenden Zeitschrift würde ich deinen Artikel niemals durchlassen. Du musst verstehen, dass du, wenn du diese Aktivität nicht von deiner ernsthaften Forschung trennst, deine Zukunft gefährden könntest."

Als Tegmark diesen Brief an seinen Vater weiterleitete, antwortete dieser mit einem Zitat von Dante: "Geh deinen eigenen Weg und lass die Leute reden, was sie wollen." Tegmark tat genau das, und heute ist er einer der bekanntesten Popularisierer der Wissenschaft, Professor am Massachusetts Institute of Technology, Autor zahlreicher Bücher und Teilnehmer an vielen Bildungsprogrammen.

Und was hat er geschrieben, das den Autor des Briefes so verärgert hat? Es ist einfach: Tegmark hat offen seine Ansichten darüber geäußert, was unser Universum seiner Meinung nach ist.

Neuropsychologie und die Magie des Geistes

In seinem internationalen Bestseller "Der Mann, der seine Frau mit einem Hut verwechselte" beschreibt Oliver Sacks 24 Geschichten von Menschen mit psychischen Störungen. Von all diesen interessanten Geschichten sticht eine besonders hervor, die zwei Zwillinge betrifft - John und Michael.

Im Jahr 1966 traf Oliver Sacks diese zwanzigjährigen Zwillinge, bei denen seit ihrer Kindheit verschiedene Erkrankungen diagnostiziert worden waren, von Psychosen und Autismus bis hin zu schwerer geistiger Behinderung. Die meisten Ärzte hielten sie für gelehrte Idioten, Savants, deren Talent sich auf ein endloses Gedächtnis und die Fähigkeit beschränkte, sofort zu bestimmen, auf welchen Wochentag ein beliebiges Datum fällt.

Hier ist eines der Beispiele, die Sacks beschreibt. Einmal fiel eine Schachtel Streichhölzer vom Tisch, und ihr Inhalt verstreute sich auf dem Boden. Die Zwillinge riefen gleichzeitig: "111!" Und dann flüsterte John: "37", und Michael wiederholte diese Zahl. John wiederholte sie ein drittes Mal und hörte auf. Sacks versuchte, die Streichhölzer zu zählen und stellte fest, dass es tatsächlich 111 waren.

Sacks fragte sie, wie sie die Streichhölzer so schnell zählen konnten. Als Antwort hörte er: "Wir haben nicht gezählt, wir haben nur gesehen, dass es 111 waren."

Beeindruckt setzte er das Gespräch fort: "Und warum habt ihr 37 geflüstert und es dreimal wiederholt?"

Die Zwillinge antworteten im Einklang: "37, 37, 37 - 111." Ihre Antwort war mysteriös und unverständlich, ebenso wie ihre Fähigkeit, die Anzahl der Streichhölzer sofort zu bestimmen, ohne zu zählen.

Sacks beschreibt, wie er eines Tages die Zwillinge bei einem seltsamen Spiel erwischte: Sie tauschten sechsstellige Zahlen aus. Jedes Mal, wenn einer eine Zahl nannte, nickte der andere und antwortete glücklich mit einer anderen sechsstelligen Zahl. Sacks schrieb diese Zahlen auf und überprüfte sie zu Hause in Tabellen. Er stellte fest, dass alle Zahlen, die die Zwillinge austauschten, Primzahlen waren.

Eine Primzahl ist eine Zahl, die nur durch eins und sich selbst teilbar ist. Zum Beispiel sind 7, 11, 13 Primzahlen. Wenn es um kleine Zahlen geht, ist es leicht zu bestimmen, welche von ihnen Primzahlen sind und welche nicht. Aber wenn die Zahl sechsstellig wird, wird diese Aufgabe schwieriger. Die Zwillinge tauschten jedoch solche Zahlen aus, als wäre es eine gewöhnliche Sache.

Am nächsten Tag beschloss Sacks, ein Experiment durchzuführen. Er ging auf die Zwillinge zu und nannte eine achtstellige Primzahl. Die Zwillinge erstarrten in tiefer Konzentration, und nach einer halben Minute lächelten beide gleichzeitig - sie hatten überprüft und festgestellt, dass die Zahl eine Primzahl war.

Danach begannen sie, zwölf- und dann zwanzigstellige Zahlen auszutauschen. Sacks konnte diese Zahlen nicht überprüfen, da seine Tabellen für maximal zehn Stellen ausgelegt waren. In den 60er Jahren konnten nur die leistungsfähigsten Computer eine solche Überprüfung durchführen, und selbst für sie war es schwierig. Es gibt überhaupt keine direkte Möglichkeit, Primzahlen dieser Größenordnung zu berechnen, aber die Zwillinge taten es.

Sacks schreibt: "Sie sehen das arithmetische Universum direkt. Haben wir das Recht, dies als Pathologie zu bezeichnen?"

Das Multiversum der ersten Ebene

Gibt es außerirdische Zivilisationen? Die Antwort ist sehr einfach und eindeutig: Ja. Allerdings müsste man, nach Max Tegmarks Berechnungen, um die nächste solche Zivilisation zu erreichen, mindestens eine Milliarde Milliarden Kilometer überwinden. Obwohl mit derselben Wahrscheinlichkeit Aliens auch eine Milliarde Milliarden mal weiter entfernt sein können. Das ist keine sehr nützliche Berechnung, aber die Hauptsache ist, dass es sie definitiv gibt, und hier ist der Grund.

Zum Zeitpunkt der Veröffentlichung dieses Buches ist die älteste offiziell bestätigte lebende Person auf dem Planeten Maria Branias Morera, die am 4. März 1907 geboren wurde. Während ihrer Schulzeit wurde ihr wahrscheinlich gesagt, dass der gesamte Kosmos nur aus dem Sonnensystem und einer Wolke von Sternen darum herum besteht. Aber allein im Rahmen ihres Lebens haben sich die Vorstellungen der Menschheit über die Größe des Universums so stark verändert, dass sich das Universum, wie Maria es in ihren Schuljahren kannte, als nur eines von mehreren hundert Milliarden anderen Universen herausstellte, die wir jetzt beobachten und Galaxien nennen können.

Im Laufe der Menschheitsgeschichte hat sich eine solche Erweiterung des Horizonts wiederholt ereignet. Heute wissen wir, dass der Raum mindestens eine Milliarde Billionen Mal größer ist als die größten Entfernungen, die den alten Jägern und Sammlern bekannt waren. Darüber hinaus argumentiert Max Tegmark, dass nach dem heute populärsten kosmologischen Modell, der Inflationstheorie, der Raum nicht nur riesig, sondern unendlich ist.

Ihm zufolge stimmt die Theorie der ewigen Inflation mit allen modernen Beobachtungen überein und ist die Grundlage für die meisten Berechnungen und Modelle, die auf kosmologischen Konferenzen vorgestellt werden.

Was ist mit Außerirdischen? Ausgehend von der Tatsache, dass der Raum unendlich und mehr oder weniger gleichmäßig mit Materie gefüllt ist, kann argumentiert werden, dass es im Raum eine unendliche Anzahl von außerirdischen Lebensformen gibt, sogar solche, die wir uns nicht vorstellen können. Im unendlichen Raum gibt es alles, was nicht durch die Gesetze der Physik verboten ist. Was ist das, eine Raumschlange? Offensichtlich gibt es Schlangen im Weltraum. Es gibt buchstäblich alles im Weltraum. Das unendliche Universum ist ein sehr seltsamer Ort. Wenn zum Beispiel die Gesetze der Physik die Existenz einer Lebensform erlauben, die ganze Planeten verschlingt, dann gibt es solche Monster garantiert irgendwo.

Natürlich werden wir das wegen der begrenzten Lichtgeschwindigkeit und der Expansion des Universums nicht sehen. Wir leben im Zentrum einer Blase mit einem Durchmesser von 93 Milliarden Lichtjahren, hinter der sich der Raum fortsetzt, aber wir können ihn nicht beobachten.

Betrachten Sie dieses Modell des Universums. Es sieht aus wie ein Spielzeuguniversum, in dem es nur vier Plätze für identische Teilchen gibt. Das bedeutet, dass es in diesem Spielzeuguniversum nur 16 mögliche Kombinationen von Materie geben kann. Stellen Sie sich nun vor, dass es um dieses Spielzeuguniversum herum andere solche Spielzeuguniversen gibt. Frage: Wie oft werden sich die Kombinationen von Spielzeuguniversen wiederholen? Antwort: Wir müssen durchschnittlich nur 16 benachbarte Universen überprüfen, um auf eine Wiederholung zu stoßen.

Übertragen Sie dieses Beispiel nun auf unser reales beobachtbares Universum. Natürlich gibt es darin viel mehr Möglichkeiten, Materie zu konfigurieren, aber diese Möglichkeiten sind immer noch begrenzt. Tegmark sagt also, dass es nach einer sehr konservativen Schätzung nicht mehr als 10^{118} Möglichkeiten gibt, wie unser beobachtbares Universum angeordnet werden kann. Ja, das ist eine riesige Zahl: eine Eins gefolgt von 10^{118} Nullen. Diese Zahl ist so groß, dass, wenn Sie die gesamte Materie im beobachtbaren Universum in Tinte verwandeln würden, Sie immer noch nicht genug hätten, um sie vollständig aufzuschreiben. Und selbst trotzdem ist diese Zahl im Vergleich zur Unendlichkeit einfach unbedeutend. Und das bedeutet, dass, wenn Sie in irgendeine Richtung in den Himmel schauen, dann in einer Entfernung von ungefähr $10^{10^{118}}$ Durchmessern des beobachtbaren Universums von Ihnen in diesem Moment Ihre absolute Kopie Sie anschauen wird, die genau dasselbe Leben gelebt hat, genau dieselben Gedanken gedacht und bis zum letzten Moment absolut dasselbe getan hat. Außerdem befindet sich Ihr Doppelgänger auf genau demselben Planeten, in genau demselben Sonnensystem, in genau derselben Galaxie und genau demselben beobachtbaren Universum.

Die Grenze zwischen Physik und Metaphysik

"Wir nehmen unsere Theorien zu ernst und wir nehmen sie nicht ernst genug." - Steven Weinberg, theoretischer Physiker, Nobelpreisträger.

Heute werden wir uns mit seltsamen Ideen befassen. Jemand könnte sagen: "Warum über solche metaphysischen Konzepte nachdenken?" Aber Max Tegmark argumentiert, dass die Grenze zwischen Physik und Metaphysik sehr unklar ist und sich ständig verschiebt. Zum Beispiel wissen wir heute, dass die Erde die Form einer Kugel hat, aber einst war es eine metaphysische Hypothese. Oder das Erdmagnetfeld, das wir nicht sehen - warum ist das keine Metaphysik? Oder die Verlangsamung der Zeit bei hohen Geschwindigkeiten, oder Teilchen, die sich an zwei Orten gleichzeitig befinden. Und die Krümmung des Raums? Und schwarze Löcher? All dies war einst ein metaphysischer Abgrund, aber heute sind es etablierte Fakten der physischen Welt.

Die Grenze zwischen Physik und Metaphysik wird also nicht durch die Seltsamkeit der Theorien bestimmt, wie man meinen könnte, sondern nur durch die grundsätzliche Möglichkeit ihrer experimentellen Überprüfung. Und nicht einmal alle Physiker denken so. Es wird immer deutlicher, dass Theorien, die auf der modernen Physik basieren, tatsächlich vorhersagbar, empirisch überprüfbar und falsifizierbar sein können.

Es gibt bis zu vier Ebenen von Paralleluniversen, und für mich persönlich ist die interessanteste Frage nicht, ob das Multiversum existiert, da die Existenz seiner ersten Ebene außer Zweifel steht, sondern wie viele Ebenen sich darin befinden. - Max Tegmark

Aber Moment mal, wir können doch kein Experiment aufbauen und überprüfen, dass sich der Raum jenseits unseres beobachtbaren Universums unendlich fortsetzt? Tegmark sagt, dass wir das nicht überprüfen müssen, weil die Paralleluniversen, die durch den unendlichen Raum gebildet werden, und all die anderen Paralleluniversen, über die wir heute sprechen werden, keine Theorien sind, sondern Vorhersagen einiger Theorien.

Lassen Sie es mich an einem Beispiel erklären. Einsteins Theorie gibt eine genaue Vorhersage darüber, wie sich der Planet Merkur bewegt. Können Physiker das überprüfen? Sie können, und sie überprüfen es, und sie stellen fest, dass die Vorhersagen der Theorie mit einer Genauigkeit an der Grenze der Messfähigkeiten der Instrumente erfüllt werden. Weiterhin sagt die Theorie auch voraus, dass Lichtstrahlen in der Nähe massereicher Objekte aufgrund der Krümmung des Raums ihre Bahn ändern. Arthur Eddington bestätigte dies 1919 experimentell. Was noch? Gravitationszeitdilatation ist auch eine experimentell bestätigte Tatsache. Aber die allgemeine Relativitätstheorie sagt auch solche Dinge voraus, die wir wahrscheinlich niemals experimentell überprüfen können. Zum Beispiel beschreibt sie bis zu einem gewissen Grad die Eigenschaften des Raums innerhalb von Schwarzen Löchern. Wie werden Sie überprüfen, was sich darin befindet? Natürlich können Sie in ein Schwarzes Loch fliegen, aber Sie werden nicht in der Lage sein, Beobachtungen nach außen zu übertragen, um sie in einer wissenschaftlichen Zeitschrift zu veröffentlichen.

Und dennoch werden alle Vorhersagen der Theorie über die innere Struktur von Schwarzen Löchern von Wissenschaftlern sehr ernst genommen, und niemand wagt es, sie als unwissenschaftlich zu bezeichnen, weil andere Vorhersagen der Theorie mit erstaunlicher Genauigkeit funktionieren.

Tegmark schreibt: Ein wichtiges Merkmal physikalischer Theorien ist, dass, wenn Ihnen eine von ihnen gefällt, Sie sie vollständig "kaufen" müssen. Sie können nicht sagen: "Mir gefällt, wie die allgemeine Relativitätstheorie die Umlaufbahn des Merkur erklärt, aber ich mag keine Schwarzen Löcher, also möchte ich auf sie verzichten." Sie können die allgemeine Relativitätstheorie nicht ohne Schwarze Löcher "kaufen".

Die allgemeine Relativitätstheorie ist ein starres mathematisches Konstrukt, das keine Feinabstimmung zulässt. Und Sie müssen entweder alle ihre Vorhersagen akzeptieren oder von Grund auf eine andere mathematische Theorie erfinden, die mit allen erfolgreichen Vorhersagen der allgemeinen Relativitätstheorie übereinstimmt und gleichzeitig vorhersagt, dass Schwarze Löcher nicht existieren. Das erweist sich als eine äußerst schwierige Aufgabe, und bisher sind solche Versuche im Nichts verlaufen.

Und hier hat nach demselben Prinzip die Inflationstheorie ihre eigenen verifizierten Vorhersagen. Dies ist eine sehr erfolgreiche Theorie, und daher ist es notwendig, diejenigen ihrer Vorhersagen ernst zu nehmen, die unverifizierbar erscheinen, insbesondere den unendlichen Raum und Paralleluniversen.

Selbst diejenigen meiner Kollegen, die die Idee des Multiversums nicht mögen, neigen jetzt dazu zuzugeben, dass die Hauptargumente dafür Sinn ergeben. Im Allgemeinen hat sich die Kritik von "Das ergibt keinen Sinn und ich hasse es" zu "Ich hasse es" geändert. - Max Tegmark

Die Seltsamkeit bei der Entdeckung der Allgemeinen Relativitätstheorie

Die Physik offenbart uns eine Realität, die weitaus komplexer ist, als wir uns hätten vorstellen können. Sollte uns das überraschen? Nein, die Evolution hat uns nur mit einer Intuition für jene Aspekte der Physik ausgestattet, die für das Überleben unserer fernen Vorfahren wichtig waren. Deshalb sind wir schockiert, wenn flüssiges Helium bei niedrigen Temperaturen nach oben fließt. Aber es gibt andere Phänomene, die, obwohl erstaunlich, aus irgendeinem Grund niemandem so erscheinen. Wir schenken ihnen nicht einmal Beachtung, wie auch diesmal nicht.

Die allgemeine Relativitätstheorie ist ein starres mathematisches Konstrukt. Ihre Vorhersagen funktionieren mit unglaublicher Genauigkeit. Aber niemand wundert sich darüber, wie die größte Theorie in der Geschichte der Menschheit entdeckt wurde. Hat Einstein durch ein Teleskop geschaut und seine Theorie entdeckt? Nein. Vielleicht hat er irgendwelche Messungen vorgenommen, um sie zu entdecken? Auch nein. Statt irgendwelcher Experimente und Beobachtungen saß er neun Jahre lang zu Hause und zeichnete auf Papier.

Diese Runen und Pentagramme, die für die meisten Menschen auf dem Planeten überhaupt nichts bedeuten, nennen wir Mathematik und tun dies mit einem solchen Blick, als ob wir verstehen würden, worum es geht. Vielleicht werde ich jemanden überraschen, aber die kenntnisreichsten Menschen in der Mathematik, die Mathematiker, geben offen zu, dass sie im Allgemeinen keine Ahnung haben, was Mathematik ist. Wie der englische Philosoph Sir Michael Dummett einmal sagte: "Die beiden abstraktesten wissenschaftlichen Disziplinen - Mathematik und Philosophie - lösen dieselbe Verwunderung darüber aus, was sie eigentlich tun. Darüber hinaus wird diese Verwunderung nicht nur durch Unwissenheit verursacht, es ist schwierig, diese Frage selbst für Spezialisten auf den jeweiligen Gebieten zu beantworten."

Aber darüber werden wir später nachdenken. Im Moment versuche ich, Ihre Aufmerksamkeit auf etwas anderes zu lenken. Nehmen wir die Schwerkraft. Haben Sie jemals die Seltsamkeit im Fallen von Objekten unter dem Einfluss dieser Schwerkraft bemerkt?

Lassen Sie uns etwas fallen lassen und beobachten. Zum Beispiel haben wir einen fallenden Ball. Hier fällt er und überwindet in einer Sekunde ein bestimmtes Wegstück. Was denken Sie, welches Wegstück wird er in der nächsten Sekunde überwinden? Ich werde Sie nicht in Spannung halten - in der nächsten Sekunde wird der Ball ein dreimal größeres Wegstück zurücklegen, in der dritten Sekunde ein fünfmal größeres, in der vierten ein siebenmal größeres, in der fünften ein neunmal größeres, dann elfmal und so weiter.

Schauen Sie noch einmal hin. Was ist Ihrer Meinung nach die Seltsamkeit dieser Sequenz? Wenn Sie genau hinschauen, werden Sie keine einzige gerade Zahl bemerken. Der Fall eines beliebigen Objekts ist eine Folge ungerader Zahlen, die von Galileo entdeckt wurde. Sie können die Wegstücke nicht einmal pro Sekunde messen, sondern zum Beispiel einmal alle 5 Sekunden oder einmal alle 2 Minuten - das spielt keine Rolle. Unabhängig vom gewählten Zeitintervall erhalten Sie immer genau diese Sequenz.

Der Ball fällt, als ob das Universum genau wüsste, was ungerade und damit auch gerade Zahlen sind. Dies ist ein strenges mathematisches Gesetz, das wie jedes echte Gesetz keine Ausnahmen hat. Ein Gesetz, das irgendwie in das Gewebe des Universums eingewoben ist.

So erstaunliche Dinge bleiben oft unbemerkt, und wir nehmen sie als selbstverständlich hin. Aber aus solchen Dingen bildet sich unser Verständnis der Physik und des Universums als Ganzes.

Muster gegen Chaos

Wenn der Ball jedes Mal ein wenig anders fallen würde, würde es wahrscheinlich sogar Einstein verblüffen. Lassen Sie mich Sie an seine Worte aus einem Brief an den Mathematiker Maurice Solovine erinnern: "Sie finden es seltsam, dass ich die Erkennbarkeit der Welt für ein Wunder oder ein ewiges Geheimnis halte. Nun, a priori sollte man eine chaotische Welt erwarten, die durch Denken nicht erkannt werden kann."

In einer chaotischen Welt hätte sich das Gehirn wahrscheinlich einfach nicht entwickeln können. Zum Beispiel, so der amerikanische Neurobiologe Dean Buonomano, wenn jemand die ganze Essenz der Gehirnfunktion in zwei Worten formulieren müsste, wäre die beste Definition wahrscheinlich "die Zukunft vorhersagen". Das Gehirn führt ständig mathematische Berechnungen durch. Zum Beispiel wissen Sie höchstwahrscheinlich nicht, warum Ihnen eines der Gesichter in einem Paar attraktiver erscheint als das andere. Aber Ihr Gehirn weiß es. Es hat bereits alles berechnet.

Diese Berechnungen der Gesichtsattraktivität sind so komplex, dass es auf dem englischsprachigen YouTube einen Kanal gibt, der sich nur der Erforschung widmet, welche Gesichter das menschliche Gehirn als attraktiv empfindet, und es gibt dort bereits mehr als fünfhundert Videos. Das heißt, buchstäblich geht es bei der Attraktivität eines Gesichts um bestimmte Zahlen, Prozentsätze, Verhältnisse und Proportionen, die Sie vielleicht nicht einmal vermuten, aber Ihr Gehirn hat sie immer gekannt. Es führt mathematische Berechnungen durch und sagt voraus, dass diese Person gute Nachkommen haben wird. Wir nennen es Attraktivität oder Schönheit.

Natürlich gilt dies nicht nur für das Gesicht. Zum Beispiel gehen viele Mädchen ins Fitnessstudio und machen fleißig Kniebeugen mit einer Langhantel, um Volumen in den Gesäßmuskeln aufzubauen. Aber wie sich herausstellt, ist ihr Volumen nicht so wichtig wie die Krümmung des unteren Rückens. Männer bewerten den attraktivsten Winkel mit 45,5 Grad. Sie fragen, warum genau diese Zahlen und Verhältnisse? Einiges davon lässt sich erklären, aber gleichzeitig gibt es viele spezifische Zahlen in der Welt, deren Ursprung unverständlich ist.

Es ist nicht bekannt, warum die Zahl Pi, also das Verhältnis des Umfangs eines Kreises zu seinem Durchmesser, in verschiedenen Zweigen der Physik vorkommt, und es ist nicht klar, warum sie genau so ist.

Die Zahl Pi hat jedoch bereits alle überrascht, und Physiker sind daran gewöhnt, sie als etwas ganz Natürliches zu betrachten. Es gibt jedoch noch andere seltsame Zahlen. Zum Beispiel die Feigenbaum-Konstante. Mitchell Feigenbaum arbeitete am berühmten Los Alamos Laboratory, das sich unter anderem mit der Entwicklung der Atombombe beschäftigte. Eines Tages bekam er einen coolen modernen HP 65 Taschenrechner, der inflationsbereinigt fast 5.000 Dollar kostete. Feigenbaum war fasziniert von dem neuen Spielzeug und stellte beim Studium des Verhaltens einer einfachen Funktion fest, dass sich die Zahlenfolge, die er als Ergebnis der Berechnungen erhielt, einer bestimmten Zahl annähert.

Als Feigenbaum andere Gleichungen untersuchte, stellte er fest, dass auch dort diese mysteriöse Zahl auftaucht. Er kam zu dem Schluss, dass er ein bestimmtes universelles Muster entdeckt hatte, das irgendwie den Übergang von Ordnung zu Chaos markiert. Obwohl er dafür keine Erklärung finden konnte. Zunächst standen die Physiker dem skeptisch gegenüber, denn es war schwer zu glauben, dass dieselbe Zahl das Verhalten verschiedener Systeme charakterisieren könnte. Sein erster Artikel wurde sechs Monate lang von Fachleuten begutachtet und schließlich abgelehnt. Doch schon bald zeigten Experimente, dass sich viele Dinge nach Feigenbaums Vorhersagen verhalten. Seine Konstante tritt bei der Messung der Dynamik von Populationen von Lebewesen, der Reaktion des Auges auf flackerndes Licht, Vorhofflimmern und dem Verhalten von Wassertropfen in einem defekten Wasserhahn auf. Jetzt heißt diese Zahl Feigenbaum-Konstante, und sie ist in der wissenschaftlichen Welt bekannt.

Die Mystik der Mathematik

Der Nobelpreisträger Eugene Wigner sagte einmal einen Satz, der später viral ging: "Die unglaubliche Effektivität der Mathematik in den Naturwissenschaften grenzt an Mystik, da es keine rationale Erklärung für diese Tatsache gibt." Haben Sie jemals darüber nachgedacht, was Sie tun, wenn Sie Musik hören? Ich meine, was ist es - Musik zu hören und warum empfinden wir so viel Freude daran?

In der Schule wurde uns der Satz des Pythagoras und Pythagoras selbst erzählt. Aber was uns in der Schule nicht erzählt wurde, war, dass Pythagoras der Gründer einer totalitären Sekte war, die nach ihm benannt wurde. Ihre Anhänger verehrten Zahlen und glaubten, dass Mathematik buchstäblich Gott ist. Ihr Motto war "Alles ist Zahl". Um zu verstehen, wie ernst alles dort war: Als einer der Schüler, Hippasus, mathematisch bewies, dass nicht alle Dinge in ganzen Zahlen ausgedrückt werden können, wurde er nach einer Weile ertrunken aufgefunden.

Pythagoras entdeckte also, dass Musik mathematisch ist und dass die für das menschliche Ohr angenehmsten spezifischen Verhältnisse von schwingenden Saiten zwei zu eins (2:1), drei zu zwei (3:2) und vier zu drei (4:3) sind. Diese Kombinationen von Tönen wurden zur Grundlage der klassischen Musik, der meisten Volksmusik sowie der Pop- und Rockmusik. So entdeckte Pythagoras, dass die Harmonie der Klänge, die wir fühlen, die Beziehungen widerspiegelt, die in einer scheinbar völlig anderen Welt stattfinden - in der Welt der Zahlen.

Ich weiß nicht, wie oft Variationen dieser Frage heute wiederholt werden, aber wie ist das möglich? Der deutsche Mathematiker Gottfried Leibniz schrieb zu diesem Thema: "Das Vergnügen, das wir aus der Musik bekommen, kommt von Berechnungen, aber unbewussten Berechnungen. Musik ist nichts anderes als unbewusste Arithmetik." Arthur Schopenhauer glaubte, dass alles, was existiert, die Verkörperung des Weltwillens ist, und Musik ist seine direkteste Manifestation. "Musik ist im Gegensatz zu anderen Künsten ein Spiegelbild des Willens selbst. Deshalb ist ihr Einfluss so viel stärker und tiefer als der Einfluss anderer Künste, weil letztere vom Schatten sprechen, während die Musik vom Wesen spricht."

Dank der wiederholt bestätigten Wahrheit von Leibniz' Aussage ist Musik nichts anderes als ein Weg, um jene großen Zahlen und Zahlenverhältnisse, die wir im Allgemeinen nur indirekt in Begriffen kennen können, direkt und wirklich zu begreifen. Und hier ist das Interessante: Menschen mit erworbenem oder angeborenem Savant-Syndrom, wie die Zwillinge, die ich am Anfang beschrieben habe, haben oft Superkräfte nicht nur in der Mathematik, sondern auch in derselben Musik. Dies deutet darauf hin, wie Oliver Sacks sagt: Zufallszahlen und überhaupt jede Willkür brachten den Zwillingen keine Freude. In Zahlen suchten sie nach Sinn, wahrscheinlich auf dieselbe Weise, wie Musiker in Klängen nach Harmonie suchen.

Oliver Sacks bemerkte, dass es in Primzahlen, die die Zwillinge so sehr mochten, tatsächlich ein mystisches, verborgenes Muster gibt, das 1963 absolut zufällig vom Mathematiker Stanislav Ulam entdeckt wurde und das sogar wir, gewöhnliche Menschen, sehen können. Ulam saß bei einem sehr langen und sehr langweiligen Vortrag und versuchte, sich irgendwie zu unterhalten. Er begann, vertikale und horizontale Linien auf ein Blatt Papier zu zeichnen, um mit der Komposition von Schachstudien zu beginnen, aber stattdessen begann er, die Zellen zu nummerieren. Er setzte eine in die Mitte, und dann, sich spiralförmig bewegend, zwei, drei und so weiter. Gleichzeitig notierte er mechanisch Primzahlen. Es stellte sich heraus, dass sich Primzahlen in einem bestimmten harmonischen Muster aufreihen.

Überrascht kehrte Ulam vom Vortrag zurück und erstellte eine Computervisualisierung, wie 90 Millionen Primzahlen aussehen würden, und sah dies. Das ist das, was heute als "Ulam-Spirale" bezeichnet wird. Warum ergeben Zahlen, die ohne Rest nur durch sich selbst und durch eins teilbar sind, eine solche Schönheit?

Level-II-Multiversum

Alan Guth, Physiker und Kosmologe, schlug die Idee der kosmischen Inflation vor, die die Existenz eines Multiversums der ersten Ebene vorhersagt. Es stellt sich jedoch heraus, dass sie auch die Existenz eines Multiversums der zweiten Ebene vorhersagt, wie Alan Guth, Andrei Linde, Alexander Vilenkin und andere Physiker gezeigt haben.

In seinem Bericht am Massachusetts Institute of Technology bemerkte Guth einmal, dass, wenn wir ein Objekt in der Natur entdecken, der wissenschaftliche Ansatz nahelegt, dass wir auch den Mechanismus finden müssen, der dieses Objekt erzeugt hat. Autos werden beispielsweise in Autofabriken gebaut, Kaninchen werden unter Beteiligung von Kanincheneltern geboren und Planetensysteme entstehen beim Gravitationskollaps riesiger Molekülwolken. Daher müssen wir annehmen, dass auch unser gesamtes Universum durch einen Mechanismus zur Erzeugung von Universen erzeugt wurde. Und hier ist das Wichtige: Autofabriken, Kaninchen und riesige Staubwolken produzieren viele Kopien dessen, was sie erschaffen. Ein Universum, das nur ein Auto, ein Kaninchen und ein Planetensystem enthält, erscheint unnatürlich.

Nach dieser Logik muss der Mechanismus, der unser Universum hervorgebracht hat, viele andere hervorgebracht haben. Das Multiversum der ersten Ebene ist einfach ein Universum mit unendlichem Raum, in dem sich früher oder später alles wiederholt. Das Multiversum der zweiten Ebene ist jedoch bereits eine interessantere Struktur.

In der Physik gibt es neun fundamentale Teilchen, sogenannte Fermionen. Jedes von ihnen hat seine eigene Masse, und diese Massen unterscheiden sich stark voneinander. Interessant ist jedoch, dass diese Massen, wenn man sie betrachtet, so aussehen, als wären sie zufällig ausgewählt worden.

Stellen Sie sich vor, Sie werfen neun Pfeile auf eine Dartscheibe. Jeder Pfeil trifft eine zufällige Stelle, und der Abstand vom Mittelpunkt des Ziels zu jedem Pfeil ist unterschiedlich. Ebenso sehen die Massen der Fermionen zufällig aus, als wären sie ohne Muster auf der Massenskala „gestreut" worden.

Das ist seltsam, weil wir es gewohnt sind zu denken, dass alles im Universum seine Gründe und Muster hat. Aber die Massen der fundamentalen Teilchen scheinen keinen Regeln zu gehorchen. Dies wirft für Wissenschaftler eine wichtige Frage auf: Warum sind die Massen der Teilchen so, wie sie sind? Gibt es darin einen verborgenen Sinn oder ist es nur Zufall?

Aber gehen wir noch weiter. Stellen Sie sich vor, Sie müssen den runden Knopf einstellen, der für die Dichte der Dunklen Energie verantwortlich ist. Dunkle Energie ist eine abstoßende Kraft im Universum, also kann man es nicht übertreiben, sonst können sich Sterne und Galaxien nicht im Weltraum bilden. Gleichzeitig wird das Universum, wenn man es nicht festzieht, unter dem Einfluss der Schwerkraft sehr schnell kollabieren. Sie fragen, wie groß ist in diesem Fall der Einstellbereich? Physiker haben berechnet, dass der maximal mögliche Wert etwa 10 hoch 120 Kilogramm pro Kubikmeter und der Mindestwert 10 hoch minus 97 Kilogramm pro Kubikmeter beträgt.

Was glauben Sie also, mit welcher Genauigkeit müssen Sie den Griff drehen, damit unser Universum existieren kann? Die Antwort lautet, dass der Drehwinkel mit einer Genauigkeit von mehr als 120 Nachkommastellen eingestellt werden muss. Es stellt sich heraus, dass Sie es egal wie Sie es drehen, nicht genau treffen können. Und doch hat es offensichtlich irgendein Mechanismus für unser Universum getan.

Und das Universum hat viele solcher „Stifte". Max Tegmark schreibt, dass die wissenschaftliche Gemeinschaft allmählich zu verstehen beginnt, dass viele von ihnen sehr präzise abgestimmt sind. Würde beispielsweise die elektromagnetische Kraft um etwa 4 % geschwächt, würde die Sonne sofort explodieren. Wie erklärt man das? Hier kann es drei Möglichkeiten geben. Das erste ist eine Kette glücklicher Zufälle. Die wissenschaftliche Methode toleriert jedoch keine unbegründeten Zufalle. Wie Tegmark schreibt, ist die Aussage „Meine Theorie erfordert einen unbegründeten Zufall, um mit Beobachtungen übereinzustimmen" dasselbe wie die Aussage „Meine Theorie ist falsch".

Die zweite Möglichkeit ist Gott, göttliches Eingreifen. Diese Option ist jedoch nicht viel besser als die vorherige, da sie nichts erklärt und selbst eine Vielzahl weiterer Fragen aufwirft.

Und die dritte Option ist die Inflationstheorie. Es geht von der Existenz eines Raums aus, der sich unendlich ausdehnt. Mit anderen Worten, es „kocht", und in diesem Raum erscheinen wie in einem Topf mit kochendem Wasser „Blasen".

Jede Blase ist ein Multiversum der ersten Ebene mit unendlichem Raum im Inneren. Und all diese unendlichen Blasen zusammen bilden ein Multiversum der zweiten Ebene.

Wenn Sie eine Frage dazu haben, wie unendlicher Raum im endlichen Volumen dieser Blasen eingeschlossen sein kann, dann sage ich Ihnen noch mehr: Für einen externen Beobachter sehen all diese Universen möglicherweise wie Formationen aus, die kleiner als ein Atom sind. was wahrscheinlich so aussieht – ein Schwarzes Loch aus subatomaren Universen, ihr Raum ist unendlich.

Was wir also den Urknall nennen, war nicht der Anfang, sondern eher das Ende – das Ende der Inflation in unserer Region des Weltraums. In anderen Bereichen hält die Inflation in der Regel ewig an. Unnötig zu erwähnen, dass die meisten Paralleluniversen der zweiten Ebene aufgrund fehlgeschlagener Einstellungen tot sind?

Tegmark spricht über das Multiversum der zweiten Ebene und appelliert oft an den statistischen Ansatz. Und seine Vorhersagen stimmen hervorragend mit den Daten überein. Und wenn man darüber nachdenkt, ist es auf seine Art absurd. Wie kann es ein Muster bei Unfällen geben? Es klingt wie ein Oxymoron.

Muster gegen das Chaos

Der belgische Mathematiker Adolphe Quetelet führte eine groß angelegte Studie zu verschiedenen Parametern des menschlichen Körpers durch. Er maß zum Beispiel den Brustumfang von 5.738 schottischen Soldaten und die Körpergröße von 100.000 französischen Rekruten. Als er alle Messwerte grafisch darstellte, erhielt Quetelet eine glockenförmige Kurve, die wir heute als Normalverteilungskurve bezeichnen (Abb. 4).

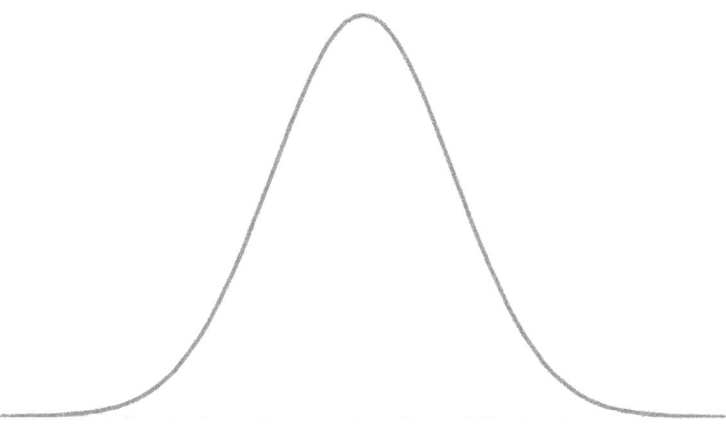

Abbildung 4. – Normalverteilungskurve

Je mehr Daten er über einen bestimmten Parameter hatte, desto klarer wurde diese Kurve. Wenn wir zum Beispiel einen Parameter wie die Körpergröße nehmen, dann hat die absolute Mehrheit der Menschen ungefähr die gleiche Größe, und Abweichungen betreffen die Minderheit: Auf der linken Seite des Diagramms befinden sich sehr kleine Menschen und auf der rechten Seite sehr große.

Quetelet erstellte auch ähnliche Kurven für moralische Eigenschaften wie die Neigung zur Kriminalität, intellektuelle Fähigkeiten und so weiter. Zu seiner Überraschung stellte er fest, dass alle menschlichen Eigenschaften derselben Normalverteilung unterliegen.

Aber was wirklich erstaunlich ist, ist, dass Quetelet diese Kurve bereits Mitte des 15. Jahrhunderts entdeckt hat, die Astronomen aus astronomischen Beobachtungen bekannt ist. Wie kann es sein, dass astronomische, biologische und soziale Prozesse durch ein universelles Gesetz miteinander verbunden sind? Die Tatsache, dass die Verteilung einer Vielzahl von Eigenschaften derselben Normalverteilung folgt, ist an sich schon bemerkenswert. Aber das reicht nicht. Sogar die Verteilung des durchschnittlichen Niveaus erfolgreicher Aufschläge in der Major Baseball League und die Rentabilität von Aktienindizes folgen einer Normalverteilung.

Wenn die Verteilung von der Normalverteilung abweicht, sollte dies in der Regel sorgfältig überprüft werden. Wenn sich beispielsweise die Verteilung der Noten in Englisch in einer bestimmten Schule von der Normalverteilung unterscheidet, deutet dies darauf hin, dass die dort angewandten Bewertungsregeln überprüft werden sollten.

Mathematische Muster lassen sich in einer Vielzahl von Bereichen verfolgen. Im Jahr 1906 machte der Forscher Francis Galton, ein Cousin von Charles Darwin, auf einem Jahrmarkt eine wichtige Beobachtung. Die Besucher wurden gebeten, das genaue Gewicht eines geschlachteten Bullen zu erraten. 787 Personen nahmen an dem Wettbewerb teil. Unter ihnen waren sowohl Landwirte, die sich damit auskennen, als auch Menschen, die weit von der Viehzucht entfernt sind.

Nach der Messe berechnete Galton, dass der Durchschnitt aller Antworten 1.197,5 Pfund (etwa 547,5 kg) betrug. Wie nahe glauben Sie, war diese Zahl am tatsächlichen Gewicht des Bullen? Der Fehler betrug weniger als 1 %. Absolut chaotische Antworten verschiedener Teilnehmer führten insgesamt zu einem sehr genauen Ergebnis. Dieses Phänomen wurde in verschiedenen Bereichen wiederholt reproduziert und als „Weisheit der Masse" bezeichnet.

Dieser Effekt liegt solchen Phänomenen wie der Demokratie zugrunde, bei denen Entscheidungen auf der Grundlage der Stimmen einer großen Anzahl von Menschen getroffen werden, sowie solchen Diensten wie Wikipedia oder der Online-Plattform „Kulu", die 2015 von einer Gruppe von Wissenschaftlern erstellt wurde. Auf dieser Plattform können Menschen ihre Vorhersagen zu bestimmten Ereignissen treffen und die Plattform zeigt das durchschnittliche Ergebnis der Abstimmung. Viele der gemachten Vorhersagen trafen mit hoher Genauigkeit ein.

Können mathematische Muster wirklich alles durchdringen? Viele Studien und Beobachtungen zeigen, dass es selbst im Zufall eine bestimmte Ordnung gibt, die mathematisch beschrieben werden kann. Diese Muster helfen uns, die Welt besser zu verstehen und sogar zukünftige Ereignisse mit einiger Genauigkeit vorherzusagen.

Das Genie von Ramanujan

Im Januar 1913 erhielt ein talentierter Mathematiker aus Cambridge namens Godfrey Harold Hardy ein Paket mit Dokumenten und einem Begleitschreiben. Der Autor des Briefes, Srinivasa Ramanujan, behauptete, bemerkenswerte Fortschritte in der Mathematik gemacht zu haben, und bat Hardy, seine Arbeit zu veröffentlichen, da er selbst nicht über die Mittel dazu verfügte. Dem Brief waren 11 Seiten mit technischen Ergebnissen aus verschiedenen Bereichen der Mathematik beigefügt, von denen die meisten bereits bekannte mathematische Theoreme waren, aber einige hatte Hardy noch nie zuvor gesehen. Hardy erkannte sofort, dass diese Formeln nur von einem Mathematiker der Spitzenklasse abgeleitet worden sein konnten, und sie mussten wahr sein, da niemand sie hätte erfinden können.

Srinivasa Ramanujan war ein junger Inder, der keine formale mathematische Ausbildung hatte und nie eine Universität besucht hatte. Hardy und sein Kollege John Littlewood waren überzeugt, dass sie es mit einem Genie zu tun hatten, das im Alleingang den jahrhundertelangen Weg europäischer Mathematiker zurückgelegt hatte. Hardy half Ramanujan, nach Cambridge zu ziehen, um zusammenzuarbeiten.

Das Problem war, dass bis heute niemand die Methode versteht, mit der Ramanujan seine Formeln ableitete. Hardy sagte, dass Ramanujans Vorstellungen von mathematischen Beweisen sehr vage seien. Ramanujan produzierte spontan komplexe arithmetische Theoreme, deren Beweis moderne Computer erfordern würde. Er behauptete, dass ihm seine Formeln im Traum von der Göttin Namagiri eingegeben wurden.

Ramanujan hinterließ drei Bände mit Notizen, die extrem mächtige Theoreme ohne jegliche Kommentare oder Beweise enthielten. 1976 wurden weitere 130 Seiten seiner Notizen aus dem letzten Jahr seines Lebens gefunden, die 600 Formeln ohne Beweise enthielten. Fast alle von ihnen wurden später bewiesen. Der Mathematiker Richard Askey sagte, dass Ramanujans Arbeit im letzten Jahr seines Lebens mit dem vergleichbar sei, was ein großer Mathematiker in seinem ganzen Leben hätte leisten können.

Die Arbeit an der Entschlüsselung seines letzten Tagebuchs war äußerst schwierig. Der Mathematiker Bruce Berndt sagte, dass die Entdeckung dieses Manuskripts in der mathematischen Welt für Aufsehen sorgte, ähnlich der Entdeckung von Beethovens Zehnter Symphonie. Der Physiker und Mathematiker Stephen Wolfram schrieb, dass sich hinter Ramanujans komplexen Formeln eine Geschichte verberge. Viele seiner Ergebnisse wirken wie zufällige Fakten aus der Mathematik, aber ihre Arbeit in den letzten Jahrzehnten zeigt, dass sie mathematischen Gesetzen gehorchen.

Freeman Dyson sagte, Ramanujan habe einige Zaubertricks gehabt, die wir nicht verstehen. Die Geschichte von Ramanujan erinnert uns an das Ausmaß seines Genies. 2015 wurde sogar ein Film über ihn gedreht, „Der Mann, der die Unendlichkeit kannte".

Seine Notizbücher, die kurze Darstellungen seiner Ergebnisse enthielten, wurden nach seinem Tod jahrzehntelang als Quelle neuer mathematischer Ideen studiert. Und das Fantastischste ist, dass seine Formeln heute in der Stringtheorie und zur Untersuchung Schwarzer Löcher verwendet werden, obwohl Begriffe wie Stringtheorie und Schwarzes Loch zu seinen Lebzeiten nicht existierten. Ramanujan beantwortete irgendwie die Fragen der theoretischen Physik, die noch niemand gestellt hatte.

Eine Möglichkeit, dies zu erklären, könnte sein, dass sich das Gehirn entwickelt hat, um ein bestimmtes Muster in der Welt zu sehen, eine Art mathematisches Muster. Vielleicht übernahmen seine Neuronen die Funktion der Berechnung, so wie das Gehirn die Proportionen des Gesichts berechnet. Vermutlich waren seine Neuronen an der Berechnung von Mathematik beteiligt.

Die unglaubliche Wirksamkeit der Mathematik in der Physik

Galileo Galilei sagte einmal: „Das große Buch, ich meine das Universum, das unseren Augen immer offen steht, ist in der Sprache der Mathematik geschrieben, und seine Zeichen sind Dreiecke, Kreise und andere geometrische Figuren." Galileo betonte, dass wir ohne Mathematikkenntnisse die Natur nicht verstehen können. Diese Aussage gilt bis heute, da die Mathematik überraschenderweise Anwendung in der Physik findet und uns die Geheimnisse des Universums enthüllt.

Wenn wir uns der Frage nach der Wirksamkeit der Mathematik in den Naturwissenschaften aus alltäglicher Sicht nähern, könnten wir denken, dass die Menschen die physische Welt beobachtet und einige Eigenschaften der Addition, Subtraktion usw. verstanden haben. Wenn Sie beispielsweise drei Äpfel haben und einen essen, bleiben Ihnen noch zwei übrig. Es kann auch davon ausgegangen werden, dass jeder Mensch früher oder später zu dem Schluss kommt, dass der Raum drei Dimensionen hat. Unter diesem Gesichtspunkt ist es nicht verwunderlich, dass Mathematik und Physik eng miteinander verbunden sind.

Aber das Hauptproblem dieser Logik besteht darin, dass Mathematik erfolgreich in Bereichen eingesetzt wird, die so weit wie möglich von der menschlichen Wahrnehmung entfernt sind. Nehmen wir zum Beispiel Einstein. Viele Leute denken, dass er den Nobelpreis für die Relativitätstheorie erhalten hat, aber das stimmt nicht. Das Nobelkomitee weigerte sich jahrzehntelang hartnäckig, seine Kandidatur anzuerkennen, obwohl er von so prominenten Wissenschaftlern wie Lorentz, Planck und Bohr nominiert wurde. Warum?

Es werden verschiedene Gründe genannt, darunter das Fehlen experimenteller Daten. Alles, was er tat, seine ganze Arbeit war komplexe Mathematik, ohne jegliche Experimente. Daher verstanden einige Mitglieder des Nobelkomitees das Wesen seiner Theorie nicht, und andererseits standen sie der Tatsache, dass die Verlangsamung der Zeit und die Krümmung des Raums etwas Reales sind, sehr skeptisch gegenüber. Es ist schwer, ihnen die Schuld dafür zu geben, denn es schien unglaublich.

Dies ging so lange weiter, bis die eingehenden experimentellen Daten nicht mehr ignoriert werden konnten. Aber selbst dann verlieh das Komitee, gelähmt von Unentschlossenheit, Einstein den Nobelpreis nicht für die Relativitätstheorie, sondern für das, was als seine am wenigsten bedeutende Leistung gilt – die Erklärung des photoelektrischen Effekts.

Warum also beschreibt die Mathematik so gut, was einem Menschen in der gesamten Geschichte seiner Existenz noch nie begegnet ist? Warum beispielsweise lässt sich die unerreichbare Welt der subatomaren Teilchen so gut durch Mathematik beschreiben, die man durch das Zählen von Gemüse lernt? Und warum finden die Formeln von Ramanujan, einem Mann, der überhaupt nichts mit Physik zu tun hatte, nach 100 Jahren ihre Anwendung in den modernsten physikalischen Konzepten? Warum schließlich sogar Ramanujans Mentor, derselbe Godfrey Hardy, der buchstäblich stolz darauf war, dass seine Werke nichts als reine Mathematik enthielten, und in seinem berühmten Buch „A Mathematician's Apology" schrieb: „Ich habe nie etwas Nützliches getan; Keine meiner Entdeckungen hat direkt oder indirekt zur Zunahme oder Abnahme von Gut oder Böse beigetragen und sich in keiner Weise auf das Wohlergehen der Welt ausgewirkt." Warum haben sogar seine Formeln ihre Anwendung in der Realität gefunden, zum Beispiel im Hardy-Weinberg-Gesetz? das Grundprinzip, auf das sich Genetiker bei der Untersuchung der Populationsentwicklung verlassen?

Ebene III Multiversum

In der Nacht des 26. Septembers 1983 ertönten in der Nähe von Moskau, im Kommandozentrum des Frühwarnsystems für Nuklearwaffen, die Alarmsirenen. Der Computer meldete, dass vom Territorium der Vereinigten Staaten von Amerika Interkontinentalraketen gestartet worden seien. Die Zuverlässigkeit der Messwerte war maximal. In den Köpfen aller, die sich in diesem Moment in der Kommandozentrale befanden, tauchte nur ein Gedanke auf – der Dritte Weltkrieg. In dieser Nacht hatte Oberstleutnant Stanislaw Petrow Dienst. Sein Herz hämmerte und sein Atem stockte. „Ich konnte nicht vom Stuhl aufstehen, meine Beine gaben nach", erinnerte er sich.

Gemäß der Charta war Petrow verpflichtet, den Angriff zu melden und damit eine Befehlskette in Gang zu setzen, die zu einem entsprechenden Atomschlag gegen die Vereinigten Staaten führen würde. „Ich hatte nur wenige Minuten Zeit, um der Führung des Landes die Bedrohung zu melden. Die Raketen sollten in nur einer halben Stunde auf unserem Territorium explodieren." Die Zehntausende von Atombomben, die sich im Laufe der Jahre des Wettrüstens angesammelt hatten, waren im Begriff, ihren Zweck zu erfüllen. Die meisten von ihnen waren nicht einmal atomar, sondern Wasserstoff. Für diejenigen, die nicht wissen, was eine Wasserstoffbombe ist: In einer Wasserstoffbombe wirkt eine Atombombe als Auslöser für eine Reaktion.

„Es schien mir, als hätte sich mein Kopf in einen Computer verwandelt. Viele Daten, aber sie bildeten kein einheitliches Ganzes." Niemand weiß, ob die Führung der Sowjetunion einen entsprechenden Schlag eingeleitet hätte, wenn Oberstleutnant Petrow den Angriff gemeldet hätte. Es war durchaus wahrscheinlich, denn die Lage war damals sehr angespannt. Es war der Höhepunkt des Kalten Krieges. Reagan war in seinen Äußerungen nicht mehr schüchtern und nannte die UdSSR ein „Reich des Bösen" und „den Brennpunkt des Bösen in der modernen Welt". Und drei Wochen vor dem Vorfall gab die Führung der UdSSR den paranoiden Befehl, ein Zivilflugzeug zu zerstören, das von New York nach Seoul flog. Das Flugzeug kam aufgrund eines Pilotenfehlers vom Kurs ab und flog in den Luftraum der UdSSR, wo es von unserem Abfangjäger abgeschossen wurde. Infolgedessen starben 269 Menschen, darunter der US-Kongressabgeordnete Larry MacDonald.

Die Situation war so, dass sowohl die USA als auch die Sowjetunion ernsthaft Optionen für präventive Atomschläge gegeneinander erwogen, weil jedes Land befürchtete, dass das andere es zuerst tun würde. Die Chancen standen 50/50. Und jetzt denken Sie darüber nach: Das Schicksal der ganzen Welt hing in diesem Moment davon ab, ob ein einzelnes Kalziumatom in eine bestimmte Synapse des präfrontalen Kortex des Gehirns von Oberstleutnant Petrow gelangen würde oder nicht, was die Erregung eines bestimmten Neurons verursachen würde und ein elektrisches Signal von ihm senden würde, das eine Kaskade der Aktivität anderer Neuronen auslösen würde, die gemeinsam den Gedanken „Fehlalarm" kodieren.

„Ich nahm den Hörer ab und meldete dem diensthabenden Offizier, dass die Informationen, die von meinem Kommandoposten kamen, falsch seien. Der Computer ist abgestürzt." Es blieb nur abzuwarten, bis die Raketen, falls sie tatsächlich gestartet wurden, in den Luftraum der UdSSR eindrangen und vom Radar nicht entdeckt wurden. Dies sollte in 18 Minuten geschehen, geschah aber nicht. Die nächsten zwei Tage nach dem erlebten Schock schlief sein Vater laut dem Sohn des Oberstleutnants. Sechs Monate später stellt sich heraus, dass der Fehler darauf zurückzuführen war, dass die Sonnenstrahlen irgendwie von den Wolken direkt über der Basis reflektiert wurden und den Satelliten blendeten.

Nach dem Zusammenbruch der Sowjetunion wird die ganze Welt von dieser Geschichte erfahren. Stanislaw Petrow wird für seinen Beitrag zum Gemeinwohl mit dem renommierten Deutschen Medienpreis ausgezeichnet. In New York, am Sitz der Vereinten Nationen, wird ihm eine Kristallstatuette mit der Aufschrift „An den Mann, der einen Atomkrieg verhindert hat" überreicht. Petrow wird Träger des Dresdner Preises, der für die Verhinderung bewaffneter Konflikte verliehen wird, und wird zusammen mit Kevin Costner in einem Dokumentarfilm über diese Ereignisse mitspielen.

Dies ist die Geschichte, die wir kennen, aber es gibt noch eine andere Realität. Das Kalziumatom, das die Kaskade von Ereignissen im Gehirn des Oberstleutnants auslöste, ist ein mikroskopisch kleines Objekt, das den Gesetzen der Quantenmechanik unterliegt. Daher kann sich ein Atom in zwei leicht unterschiedlichen Positionen befinden. Nach der Vielweltinterpretation der Quantenmechanik spaltete sich das Universum in der Nacht des 26. Septembers in zwei Realitäten auf. Parallel zu unserer Welt gibt es jetzt eine andere, in der das Kalziumatom nicht in die richtige Synapse im Gehirn des Oberstleutnants gelangte und Petrow die gegenteilige Entscheidung traf – er meldete den Angriff und ein Atomkrieg begann. Man kann nur erahnen, wie diese Welt jetzt aussieht. Dies ist eine Art Schrödinger-Katzen-Experiment, aber im Maßstab eines ganzen Planeten.

Hugh Everetts Vielwelteninterpretation der Quantenmechanik bedarf keiner Einführung. Es wurde viel darüber gesprochen, und viele Physiker sind in den letzten Jahrzehnten dazu übergegangen, die Möglichkeit einer unendlichen Aufspaltung des Universums nicht mehr zu ignorieren oder lächerlich zu machen, sondern ernsthaft in Betracht zu ziehen. Max Tegmark zitiert eine informelle, aber aufschlussreiche Umfrage unter Physikern im Jahr 1997, bei der sich die Mehrheit eher für die klassische Kopenhagener Interpretation als für Paralleluniversen entschied. Doch schon 2010 stimmte in Harvard überhaupt niemand mehr für die Kopenhagener Interpretation, und die absolute Mehrheit erkannte die Richtigkeit der Vielwelteninterpretation an.

Konrad Lorenz sagte, dass wichtige wissenschaftliche Entdeckungen drei Phasen durchlaufen: Zuerst werden sie ignoriert, dann werden sie heftig angegriffen und schließlich als bekannt abgetan. Den Umfragedaten zufolge befinden sich Everetts Paralleluniversen, nachdem sie in den 1960er Jahren die erste Phase durchlaufen haben, nun zwischen der zweiten und dritten Phase.

Max Tegmark merkt an, dass viele Menschen nicht verstehen, wie man sich in Kopien seiner selbst aufteilen kann, ohne es zu merken, und sich immer wie dieselbe Person fühlt. Sie können versuchen, dies nur mithilfe eines Gedankenexperiments zu verstehen und zu akzeptieren. Es gibt kein physikalisches Gesetz, das die Erstellung Ihrer vollständigen Kopie mit all Ihren Erinnerungen verbieten würde. Stellen Sie sich vor, Sie sind in einen tiefen Schlaf gefallen und wurden danach mit der Supertechnologie der Zukunft geklont. Wenn Ihnen nach dem Aufwachen nicht gesagt wird, welcher von Ihnen ein Klon ist, werden Sie sich nie sicher sein können, dass Sie das Original sind. Sie werden beide aus derselben Vergangenheit kommen und das Gefühl haben, ein langes Leben gelebt zu haben, obwohl einer von Ihnen erst gestern aufgetaucht ist.

Wenn sich die Universen der ersten und zweiten Ebene im Rahmen der traditionellen Kosmologie befinden, dann deutet das Multiversum der dritten Ebene, wie es in der Vielwelteninterpretation der Quantenmechanik vorgestellt wird, auf etwas ganz anderes hin. Hier ist jede mögliche Version der Geschichte, jede Entscheidung, jedes mögliche Ergebnis real und existiert parallel zueinander.

Die Geschichte von Oberstleutnant Petrow, in der er die gegenteilige Entscheidung traf und den Angriff meldete, verdeutlicht dieses Konzept. In der Vielwelteninterpretation der Quantenmechanik wird jedes mögliche Ergebnis dieses Ereignisses in einem separaten Zweig der Realität realisiert. Und obwohl dies für uns, die wir in einem bestimmten Zweig leben, als etwas Abstraktes oder Fantastisches erscheinen mag, ist dies im Rahmen der Vielwelteninterpretation ein natürliches Merkmal der Quantenwelt.

Woraus besteht die Grundlage der Realität?

Die Grundlage der physikalischen Realität besteht aus mathematischen Objekten wie Hilberträumen und Wellenfunktionen. Der Hilbertraum ist eine mathematische Struktur, die verwendet wird, um die Eigenschaften von Quantensystemen und deren Zustände zu beschreiben. Er umfasst unendlich dimensionale Vektorräume, die zur Formalisierung der Quantenmechanik verwendet werden.

Die Wellenfunktion ist ein mathematisches Objekt, das den Zustand eines Quantensystems beschreibt und es ermöglicht, die Wahrscheinlichkeiten verschiedener Messergebnisse vorherzusagen. Sie ist die Grundlage für die Berechnung von Wahrscheinlichkeiten, Amplituden und anderen Größen in der Quantenmechanik.

Somit fungiert die Mathematik im Kontext der Quantentheorie als Grundlage der physikalischen Realität, wobei Hilberträume und Wellenfunktionen dabei helfen, das Verhalten mikroskopischer Teilchen und Systeme zu beschreiben.

Frank Wilczek schreibt in seiner Veröffentlichung für die Online-Ausgabe: „In meiner wissenschaftlichen Karriere gab es viele verschiedene Erfahrungen, von denen einige mich zu ungewöhnlichen Bewusstseinszuständen geführt haben. Aber ich hatte nur eine Erfahrung, die man als mystisch bezeichnen kann. Ich war allein dort, in einer Metallkiste von der Größe eines Flugzeughangars, und schaute auf die Ausrüstung hinunter, mit der Menschen die Grundlagen der Natur experimentell untersuchen. Und dann geschah es. Mir wurde intuitiv klar, dass die komplexen Berechnungen, die ich mit Stift und Papier durchführte, irgendwie diesen völlig anderen Bereich der Existenz beschreiben könnten, nämlich die physische Welt der Teilchen, Spuren und Elektronen, die durch den Mechanismus, den ich betrachtete, erzeugt wurden. Es bestand keine Notwendigkeit, wie so oft bei Philosophen, zwischen Geist oder Materie zu wählen. Es war Geist und Materie zusammen. Wie konnte das sein? Warum sollte es so sein? Und doch wurde mir plötzlich klar, dass es so sein könnte und sollte. Das wunderbare Geheimnis der Entsprechung der mathematischen Sprache zu den Gesetzen der Physik ist ein erstaunliches Geschenk, das wir nicht verstehen können und das wir vielleicht nicht verdienen."

Diese Erfahrung offenbarte ihm das erstaunliche Geschenk, das die mathematische Sprache den Gesetzen der Physik macht. Er hatte das Gefühl, dass die Naturgesetze durch die Sprache der Mathematik verstanden werden können und dass diese Sprache nicht nur ein abstraktes Konzept ist, sondern auch die tiefen Strukturen der Realität widerspiegelt. Es war ein Gefühl der Einheit von Geist und Materie, das für Wilczek zu einer mystischen Erfahrung wurde.

Ebene IV Multiversum

Im vorherigen Abschnitt haben wir ausführlich diskutiert, warum das, was ein Mensch direkt mit seinen Sinnen wahrnimmt, nicht die objektive Realität sein kann. Ich habe hauptsächlich den radikalen Standpunkt des Kognitionspsychologen Donald Hoffman behandelt. Aber womit nur wenige Menschen argumentieren werden, ist, dass das Weltbild, das wir wahrnehmen, äußerst subjektiv ist. Wir sehen nur ein etwas verzerrtes Modell, das von unserem Gehirn aufgebaut wurde.

Der Physiker und Augenarzt Hermann von Helmholtz beschrieb im 19. Jahrhundert den Mechanismus dieses Phänomens und fasste zusammen, dass wir nicht die Realität betrachten, sondern ein von unserem Gehirn geschaffenes Modell der Realität. Das Modell der Welt ist unsere innere Realität. Wie die äußere Realität außerhalb unserer Sinne wirklich aussieht, ist eine große Frage.

Wir haben jedoch festgestellt, dass wir über die Mathematik Zugang zur äußeren Realität haben. Ihre Wahrnehmung sagt Ihnen, dass Sie einen festen Stein betrachten, aber seine mathematische Beschreibung zeigt, dass der Stein hauptsächlich aus leerem Raum zwischen ständig vibrierenden Teilchen besteht. Wir glauben der mathematischen Beschreibung mehr als subjektiven Gefühlen, sonst hätten wir keine moderne Zivilisation mit ihren Technologien aufgebaut.

Warum wird die äußere Realität durch Mathematik beschrieben? Diese Frage quält die Menschen seit Jahrtausenden und ist heute aktueller denn je. Ist Mathematik eine Erfindung oder eine Entdeckung? Können wir sagen, dass Mathematik unabhängig vom menschlichen Geist existiert? Entdecken wir mathematische Wahrheiten wie neue Inseln und Kontinente oder ist Mathematik nur eine menschliche Erfindung, ein Werkzeug?

Die Frage nach der Natur der Mathematik ist eng mit der Frage nach der Existenz Gottes verbunden. Mathematik und Physik werden oft als zwei verschiedene Disziplinen wahrgenommen. Max Tegmark schlägt jedoch die Idee vor, dass unsere gesamte physische Welt ein riesiges mathematisches Objekt ist. Das Problem der Wirksamkeit der Mathematik ergibt sich nur dann, wenn wir sie als unterschiedliche Disziplinen betrachten. Wenn sie ein und dasselbe sind, passt alles zusammen.

Platonismus und Realität

Die Überzeugung, dass mathematische Objekte in der Realität existieren und realer sind als das, was wir sehen, geht auf Platon zurück. Der Platonismus argumentiert, dass mathematische Formen nicht in der gleichen Weise existieren wie gewöhnliche physische Objekte. Sie haben keinen räumlichen Ort und existieren nicht in der Zeit.

Max Tegmark glaubt, dass alle Strukturen gleichwertig sind, und daher sind mathematische Strukturen die Realität. Subatomare Teilchen sind keine festen Objekte, sondern nur Cluster mathematischer Eigenschaften. Der Raum unserer physischen Welt ist ein rein mathematisches Objekt.

Das Level IV-Multiversum ist eine andere Realität, die verschiedenen fundamentalen physikalischen Gesetzen entspricht und von unterschiedlichen mathematischen Gleichungen bestimmt wird. Wenn die Realität auf der untersten Ebene eine mathematische Struktur ist, dann bestehen ihre Teile aus Beziehungen zwischen mathematischen Blöcken und nicht aus ihren Eigenschaften.

Vielleicht am überraschendsten ist, dass das Universum trotz seiner Komplexität durch eine einfache mathematische Formel beschrieben werden kann. Wie im Fall der Mandelbrot-Menge, die durch die Formel $Z = Z^2 + C$ beschrieben wird, kann die Komplexität des Universums das Ergebnis solch einfacher mathematischer Ausdrücke sein.

Die Frage, wie die Menschheit in dieses mathematische Weltbild passt, bleibt offen. Vielleicht sind wir Teil einer größeren mathematischen Struktur, die sich durch die Gesetze der Physik manifestiert, und unser Verständnis davon wird uns helfen, uns selbst und das Universum, in dem wir leben, besser zu verstehen.

Was ist der Mensch nach Max Tegmark?

Max Tegmark betrachtet in seiner Hypothese des mathematischen Universums den Menschen als ein komplexes mathematisches Muster im Raum-Zeit-Kontinuum. Laut Tegmark sind unser Bewusstsein und unsere Wahrnehmung der Welt das Ergebnis der Interaktion komplexer Informationsprozesse im Gehirn. Diese Prozesse ermöglichen es unserem Gehirn, Modelle der Welt und uns selbst zu erstellen und mit ihnen zu interagieren.

Tegmarks Hauptpunkte zur menschlichen Natur umfassen die folgenden Aspekte:

- **Bewusstsein und Materie:** Tegmark räumt ein, dass noch nicht klar ist, wie genau physische Materie Bewusstsein

hervorbringt. Er erwägt jedoch die Möglichkeit, in Zukunft eine Theorie des Bewusstseins zu schaffen, die so ganzheitlich und überzeugend ist wie die Theorie des Elektromagnetismus.
- **Mathematische Verbindung:** Tegmark weist darauf hin, dass das Bewusstsein über einen mysteriösen Mechanismus Zugang zur mathematischen Welt hat. Dieser Mechanismus öffnet entweder den Reichtum abstrakter mathematischer Formen und Konzepte oder erschafft und formuliert ihn.
- **Die Entwicklung mathematischer Fähigkeiten:** Er stellt fest, dass selbst Tiere über grundlegende mathematische Fähigkeiten verfügen und diese Fähigkeiten angeboren sind und sich unter dem Druck der natürlichen Selektion entwickeln. Die mathematischen Fähigkeiten des Menschen gehen jedoch weit über die zum Überleben notwendigen Fähigkeiten hinaus.
- **Mathematik und die physische Welt:** Tegmark fragt sich, wie mathematische Gesetze die physische Welt so genau beschreiben und warum diese Gesetze eine solche Komplexität und Schönheit aufweisen.
- **Vierdimensionale Raumzeit:** Nach der Relativitätstheorie existiert jeder Punkt der Vergangenheit, Gegenwart und Zukunft wirklich, und daher bilden Objekte wie die Erde und der Mond unveränderliche Muster in der Raumzeit. Menschliche Raum-Zeit-Muster sind die komplexesten im beobachtbaren Universum.
- **Quantenmechanik:** Tegmark berücksichtigt auch den Einfluss der Quantenmechanik, bei der sich jeder von uns in viele Zweige verzweigen und ein wunderschönes Muster im unendlichen mathematischen Universum bilden kann.
- **Bewusstsein als Informationsverarbeitung:** Laut Tegmark ist Bewusstsein die Art und Weise, wie Informationen sich anfühlen, wenn sie mit bestimmten komplexen Methoden verarbeitet werden. Es tritt auf, wenn das Modell von sich selbst in Ihrem Gehirn mit dem Modell der Welt im selben Gehirn oder mit sich selbst interagiert.

Max Tegmarks Hypothese des mathematischen Universums, die besagt, dass die physische Realität eine mathematische Struktur ist, steht vor Herausforderungen hinsichtlich ihrer Überprüfung und Falsifizierung.

Falsifizierung der Hypothese

Tegmark merkt an, dass die Hypothese als widerlegt gelten kann, wenn Physiker, selbst ohne eine vollständige Beschreibung der physikalischen Realität zu haben, aufhören, mathematische Muster in der Natur zu finden. Mit anderen Worten, wenn sich herausstellt, dass physikalische Gesetze und Phänomene keiner mathematischen Beschreibung zugänglich sind, wäre dies ein schwerwiegendes Argument gegen seine Hypothese.

Tegmarks Hypothese über Multiversen hat ihre Kritiker, die starke Argumente dagegen vorbringen. Kritiker weisen insbesondere auf die Schwierigkeiten der empirischen Überprüfung der Hypothese, das Fehlen von Beobachtungsdaten und andere theoretische Probleme hin.

Tegmark reagiert auf diese Kritik und räumt ein, dass all diese Aussagen zutreffen, glaubt aber dennoch an die Wahrheit seiner Hypothese und ist bereit, sein gesamtes Eigentum zu riskieren und auf die Existenz von Multiversen zu wetten.

Tegmark betont, dass Mathematik ein großes Rätsel ist, das wir noch lösen müssen. Er weist darauf hin, dass Magie in der Geschichte verschiedener Völker ein komplexes Wissenssystem war, das den Anhängern besondere Fähigkeiten verlieh. Wenn wir das Wort „Magie" durch „Mathematik" ersetzen, bleibt seine Aussage über die okkulte Ebene der Realität, die man sich unterwerfen kann, relevant.

Tegmarks Hypothese bleibt, obwohl sie auf erhebliche Kritik stößt, ein interessantes Konzept, das Diskussionen über die Natur der Realität und die Rolle der Mathematik bei ihrer Beschreibung anregt. Es ermutigt Wissenschaftler und Philosophen, über die tiefe Verbindung zwischen mathematischen Strukturen und der physischen Realität nachzudenken, auch wenn ihre endgültige Überprüfung eine schwierige Aufgabe bleibt.

Kapitel 6: Quantenbewusstsein

Das Problem der Quantentheorie des Bewusstseins: Wissenschaft oder Mystik?

Die Wissenschaft balanciert stets auf dem schmalen Grat zwischen dem Bekannten und dem Unbekannten, zwischen bewiesenen Fakten und kühnen Hypothesen. Die Geschichte der Wissenschaft ist voll von Beispielen für Ideen, die einst absurd erschienen, aber später ihre Bestätigung fanden. Umgekehrt erwiesen sich einige scheinbar attraktive Theorien unter dem Druck neuer Fakten als falsch.

Die Theorie der Quantennatur des Bewusstseins ist eine solche Idee, die sich an vorderster Front der Wissenschaft befindet. Sie bietet eine radikale Sicht auf die Natur unseres Geistes und verknüpft sie mit den tiefsten Geheimnissen der Quantenwelt. Sollte sich diese Theorie als wahr erweisen, wird sie unser Verständnis nicht nur der Physik, sondern auch der Biologie, Psychologie und sogar der Philosophie revolutionieren.

Diese Idee hat jedoch eine komplizierte Geschichte. Ihr Aufkommen fiel mit dem Aufstieg des New Age und verschiedener mystischer Bewegungen zusammen, was ihrem wissenschaftlichen Ruf bis heute einen Schatten wirft. Für viele Menschen ist die Quantentheorie des Bewusstseins zu einem Anlass für Spekulationen über paranormale Phänomene und das Leben nach dem Tod geworden und lenkt sie von einer ernsthaften wissenschaftlichen Diskussion ab.

Doch jüngste Forschungen von Physikern, die Quanteneffekte in biologischen Systemen untersuchen, haben dieser Theorie neuen Auftrieb gegeben. Sie haben gezeigt, dass Quantenprozesse eine wichtige Rolle bei der Funktionsweise lebender Organismen spielen können, möglicherweise auch in unserem Gehirn (Referenz 26). Dies öffnet die Tür für neue Experimente und Beobachtungen, die die Quantentheorie des Bewusstseins bestätigen oder widerlegen könnten.

In diesem Abschnitt werden wir versuchen, das Wesen dieser Theorie zu verstehen, ihre Stärken und Schwächen zu betrachten und die neuesten wissenschaftlichen Daten zu analysieren, die Licht auf ihre Wahrhaftigkeit werfen könnten. Wir werden in die Welt der Quantenphysik und Neurobiologie eintauchen, um zu verstehen, wie sich diese beiden scheinbar weit entfernten Wissensgebiete im intimsten Aspekt unseres Seins – unserem Bewusstsein – überschneiden können.

Berechenbarkeit des Gehirns und Bewusstsein: Sind wir nur komplexe Algorithmen?

Aus Sicht der modernen Wissenschaft ist das Gehirn wie ein Koch: Es empfängt Informationen, verarbeitet sie nach einem bestimmten "Rezept" (Algorithmus) und erzeugt ein Ergebnis - unsere Gedanken, Gefühle, Emotionen. Dieser Ansatz wird als Computational Theory of Mind bezeichnet. Sie ist zur Grundlage für die Entwicklung künstlicher Intelligenz und Computertechnologien geworden, aber erklärt sie wirklich vollständig die Natur von Bewusstsein und Denken?

Roger Penrose, ein prominenter Physiker und Mathematiker, stellte dies in Frage. Er machte darauf aufmerksam, dass es in jedem System, in dem Mathematik operiert, wahre Aussagen gibt, die innerhalb dieses Systems nicht bewiesen werden können. Dies gilt auch für Computer, die nach Algorithmen arbeiten, die auf Mathematik und Logik basieren. Das menschliche Gehirn ist jedoch in der Lage, solche Wahrheiten intuitiv zu erfassen, auch ohne formalen Beweis. Zum Beispiel nehmen wir als offensichtliches Axiom wahr, dass durch zwei beliebige Punkte eine Gerade gezogen werden kann, obwohl dies innerhalb der euklidischen Geometrie nicht bewiesen werden kann.

Dies führte Penrose zu der Idee, dass bewusste Prozesse im Gehirn - Denken, Erkenntnis - nicht algorithmisch sind. Sie entstehen nicht aus klassischen Berechnungen, sondern basieren auf anderen Prinzipien.

Und hier kommt die Quantenmechanik ins Spiel. Penrose schlug vor, dass es die Quanteneffekte sind, die im Gehirn auftreten, die für die nicht-algorithmische Natur des Bewusstseins verantwortlich sein könnten. Diese Idee, bekannt als die Quantentheorie des Bewusstseins, hat viel Kontroverse und Kritik hervorgerufen, aber sie hat auch neue

Forschungsgebiete an der Schnittstelle von Physik, Biologie und Neurowissenschaften eröffnet.

Jüngste Entdeckungen von Physikern, die Quanteneffekte in biologischen Systemen untersuchen, haben neue Argumente für diese Theorie geliefert. Sie haben gezeigt, dass Quantenprozesse eine wichtige Rolle bei der Funktionsweise lebender Organismen spielen können, und dies zwingt uns, unser Verständnis von Bewusstsein und seiner Verbindung zur physischen Welt zu überdenken.

Penroses Quantensprung: Bewusstsein aus den Tiefen der Quantenwelt

Penrose bietet uns eine kühne Hypothese an: Bewusstsein und Denken sind nicht das Produkt klassischer Berechnungen, sondern entstehen aus den Tiefen der Quantenwelt, wo völlig andere Gesetze herrschen.

In der Quantenmechanik begegnen wir Phänomenen, die sich einer Beschreibung durch die klassische Logik widersetzen. Hier ist es unmöglich, den Ausgang eines Ereignisses mit absoluter Sicherheit vorherzusagen, und es ist diese Unvorhersehbarkeit, die laut Penrose die Tür zu nicht-algorithmischen Prozessen öffnet, die dem Bewusstsein zugrunde liegen.

Wenn das Gehirn nur eine komplexe Rechenmaschine ist, dann ist es durch dieselben Rahmenbedingungen begrenzt wie jeder Computer. Es kann nur die Operationen ausführen, die in seinen Algorithmen eingebettet sind. Wenn das Bewusstsein jedoch eine Quantennatur hat, dann geht es über diese Grenzen hinaus und eröffnet Möglichkeiten für ein intuitives Verständnis von Wahrheiten, die logisch nicht bewiesen werden können.

Diese Idee hat weitreichende Konsequenzen. Wenn Penrose Recht hat, dann erfordert die Schaffung einer echten künstlichen Intelligenz, die Bewusstsein besitzt, nicht nur leistungsfähigere Computer, sondern grundlegend neue Technologien, die auf Quantenprinzipien basieren.

Aber wie kann man diese Hypothese testen? Wie kann man in die Quantenwelt des Gehirns schauen und dort Spuren von Bewusstsein sehen? Dies ist eines der Hauptprobleme der Quantentheorie des Bewusstseins.

Leider beobachten wir Quanteneffekte in der makroskopischen Welt, zu der auch unser Gehirn gehört, kaum. Quantenphänomene manifestieren sich normalerweise nur auf der Ebene einzelner Atome und Moleküle, und es scheint unglaublich, dass sie die komplexen Prozesse des Denkens und der Wahrnehmung beeinflussen könnten.

Aber einige Wissenschaftler glauben, dass dies möglich ist. Sie suchen nach Spuren von Quantenprozessen im Gehirn und versuchen, einen Zusammenhang zwischen ihnen und dem Bewusstsein zu finden. Dies ist eine komplexe und ehrgeizige Aufgabe, aber ihre erfolgreiche Lösung könnte zu einer echten Revolution in unserem Verständnis des menschlichen Geistes führen.

Das Gehirn - Eine feindliche Umgebung für Quanteneffekte

Quantenphänomene sind zerbrechliche Blumen, die besondere Pflege benötigen. Um sie im Labor zu beobachten, bauen Wissenschaftler komplexe und teure Aufbauten, in denen Quantenteilchen von jeglichen äußeren Einflüssen isoliert sind. Sie erzeugen ein Vakuum, kühlen Systeme auf Temperaturen nahe dem absoluten Nullpunkt und schützen sie vor den geringsten Vibrationen und elektromagnetischen Feldern.

Das Gehirn hingegen ist eine warme, feuchte und laute Umgebung, in der Quanteneffekte, selbst wenn sie entstehen, sofort zerstört werden. Es ist, als würde man versuchen, ein Kartenhaus in einem Achterbahnwagen bei voller Geschwindigkeit zu bauen.

Max Tegmark hat sogar berechnet, dass Quanteneffekte im Gehirn nur für unglaublich kurze Zeiträume existieren können - etwa 10^{-13} Sekunden. Das bedeutet, dass jeder Quantenprozess im Gehirn zerstört wird, bevor er unsere Gedanken oder Gefühle beeinflussen kann.

Daher erscheint die Idee, dass Bewusstsein aus Quantenprozessen im Gehirn entsteht, vielen Wissenschaftlern unwahrscheinlich. Wie können solch fragile Phänomene eine bedeutende Rolle in dem komplexen und chaotischen System spielen, das unser Gehirn ist?

Neuere Forschungen zeigen jedoch, dass Quanteneffekte für lebende Organismen möglicherweise wichtiger sind, als wir bisher dachten. Sie spielen eine Schlüsselrolle bei der Photosynthese, helfen Vögeln, sich am Erdmagnetfeld zu orientieren (wie ich am Anfang des Buches geschrieben habe), und möglicherweise sind sie sogar an der Arbeit unseres Gehirns beteiligt.

Obwohl diese Entdeckungen die Quantentheorie des Bewusstseins nicht beweisen, zwingen sie uns, unser Verständnis der Rolle der Quantenmechanik in der Biologie und den Neurowissenschaften zu überdenken. Vielleicht hat das Gehirn trotz aller Hindernisse einen Weg gefunden, Quanteneffekte zu nutzen, um Bewusstsein zu erzeugen.

Diese Frage bleibt offen und bedarf weiterer Forschung. Aber selbst wenn sich die Quantentheorie des Bewusstseins als falsch herausstellt, hat sie uns bereits dazu gebracht, über die tiefen Verbindungen zwischen der Quantenwelt und den Geheimnissen unseres Geistes nachzudenken.

Experimente zugunsten der Quantentheorie des Bewusstseins: Neue Entdeckungen und kühne Hypothesen

Selbst wenn Quanteneffekte im Gehirn auftreten, wie können sie in einer solch "lauten" Umgebung das Bewusstsein beeinflussen? Dieses Problem war lange Zeit ein Stolperstein für die Quantentheorie des Bewusstseins. Neuere Forschungen eröffnen jedoch neue Möglichkeiten.

Der Anästhesist Stuart Hameroff machte auf eine interessante Tatsache aufmerksam: Xenon, ein chemisch inaktives Edelgas, erweist sich als wirksames Anästhetikum. Penrose und Hameroff schlugen vor, dass Xenon hypothetische Quantenzustände im Gehirn beeinflussen und dadurch das Bewusstsein "ausschalten" könnte. Diese Idee wurde teilweise von chinesischen Forschern bestätigt, die zeigten, dass Xenon-Isotope mit einer ungeraden Anzahl von Neutronen schwächer wirken als solche mit einer geraden Anzahl. Diese Entdeckung lässt sich nur mit Hilfe der Quantenmechanik erklären.

Mikrotubuli und Superradianz:

Mikrotubuli sind Proteinstrukturen, die verschiedene Funktionen in Zellen erfüllen, darunter den Transport von Substanzen und die Aufrechterhaltung der Zellform.

Im Gehirn haben sie eine spezielle Struktur, und einige Wissenschaftler glauben, dass sie der Ort von Quanteneffekten sein könnten.

Eine kürzlich durchgeführte Studie zeigte, dass Mikrotubuli in Lösung bei Raumtemperatur zur Superradianz fähig sind - einem Quanteneffekt, bei dem eine Gruppe von Atomen oder Molekülen kollektiv Licht emittiert und dessen Intensität dadurch erheblich erhöht wird. Dies deutet darauf hin, dass Quanteneffekte in biologischen Strukturen auch unter normalen Bedingungen auftreten können.

Penrose und Hameroff schlagen vor, dass eine Quantenverschränkung zwischen einer großen Anzahl von Mikrotubuli im Gehirn für die Entstehung von Bewusstsein notwendig ist. Das bedeutet, dass sie als ein einziges Quantensystem agieren müssen, was unter den Bedingungen eines warmen und feuchten Gehirns äußerst schwer vorstellbar ist.

Die Untersuchung der Superradianz zeigte jedoch, dass der Quanteneffekt umso stabiler ist, je mehr Mikrotubuli sich im System befinden. Dies könnte darauf hindeuten, dass das Gehirn doch einen Weg gefunden hat, Quantenverschränkung auf makroskopischer Ebene zu erzeugen und aufrechtzuerhalten.

Der nächste Schritt: Testen der Quantentheorie des Bewusstseins

Die nächste Stufe der Forschung zur Quantentheorie des Bewusstseins führt uns in die aufregende Welt der Gehirnorganoide - winzige Klumpen von Neuronen, die in Reagenzgläsern gezüchtet werden. Diese Organoide weisen, obwohl sie keine vollwertigen Gehirne sind, eine komplexe neuronale Aktivität auf, die mit der Komplexität des Gehirns eines Neugeborenen vergleichbar ist.

Wissenschaftler planen, verschiedene Xenon-Isotope an diesen Organoiden zu testen, um zu sehen, wie sie deren Aktivität beeinflussen. Wenn verschiedene Isotope unterschiedliche Auswirkungen haben, könnte dies ein weiterer Beweis dafür sein, dass Quantenprozesse eine Rolle bei der Gehirnfunktion spielen.

Es ist jedoch wichtig zu verstehen, dass selbst solche Experimente keine endgültige Antwort auf die Frage nach der Quantennatur des Bewusstseins geben werden. Gehirnorganoide, obwohl komplex, haben noch keine sensorische Erfahrung und kein Gedächtnis, die integrale Bestandteile des Bewusstseins sind.

Dennoch eröffnen diese Studien neue Möglichkeiten, die Beziehung zwischen Quantenprozessen und Gehirnaktivität zu untersuchen. Wenn bewiesen werden kann, dass Quanteneffekte tatsächlich die Gehirnfunktion beeinflussen, könnte dies zu revolutionären Durchbrüchen in der Medizin und den Neurowissenschaften führen.

Stellen Sie sich vor, wir könnten Quantentechnologien nutzen, um Krankheiten wie Alzheimer oder Depression zu behandeln, indem wir direkt die Quantenprozesse im Gehirn beeinflussen. Oder sogar neue Formen subjektiver Erfahrung schaffen, die uns im Normalzustand nicht zugänglich sind.

Natürlich sind dies noch Fantasien, aber sie zeigen das enorme Potenzial der Quantentheorie des Bewusstseins. Selbst wenn sie nicht alle unsere Fragen beantwortet, regt sie bereits neue Forschungen und Entdeckungen an, die unser Verständnis von uns selbst und der Welt um uns herum verändern können. Die Forschung auf diesem Gebiet entwickelt sich rasant, so dass dies zum Zeitpunkt der Buchveröffentlichung die aktuellsten Informationen waren.

Quantenphysik in der Makrowelt

Kapitel 7: Die Quantenrevolution: Die Welt als Quanteninformation

Auf der Suche nach dem Sinn der Quantenwelt

Wenn Sie jemals gehört haben, dass die Vielwelteninterpretation der Quantenmechanik in wissenschaftlichen Kreisen dominiert, wissen Sie, dass diese Information veraltet ist. Heute tritt eine neue, rasch an Popularität gewinnende Informationsinterpretation in den Vordergrund.

Laut den neuesten Umfragen steht sie an zweiter Stelle und schlägt eine revolutionäre Idee vor: Unsere Welt ist auf einer fundamentalen Ebene eine Sammlung von extrahierten Quanteninformationen. Das Universum wird also nicht in physische Teile zerlegt, sondern in Bits von Quanteninformationen.

Das explosionsartige Wachstum der Popularität der Informationsinterpretation ist mit dem Beginn einer neuen Ära verbunden - der zweiten Quantenrevolution. Dank technologischer Durchbrüche auf dem Gebiet der Manipulation verschränkter Objekte halten Quantentechnologien, die von einzelnen Teilchen gesteuert werden, allmählich Einzug in unser Leben. Quantencomputer sind ein Paradebeispiel für solche Technologien.

Die größte Leistung all derer, die die Richtigkeit der Quantenmechanik beweisen wollten, besteht darin, dass sie unsere technologischen Möglichkeiten bei der Erzeugung und Manipulation verschränkter Quantenobjekte erweitert haben. Der wohl erfolgreichste moderne Quantenexperimentator ist Anton Zeilinger, der Experimente mit riesigen Fullerenmolekülen, Quantenzustandsteleportation, Quantenkryptographie und Dutzenden anderer beeindruckender Experimente durchgeführt hat. Die Arbeit dieser drei Wissenschaftler (Clauser, Aspect und Zeilinger, für die sie 2022 den Nobelpreis erhielten), ihrer Forschungsgruppen und vieler anderer Wissenschaftler führte dazu, dass die Menschheit vor etwa 10 Jahren in eine neue Ära eintrat, die als zweite Quantenrevolution bezeichnet wird - eine Ära, in der Quantentechnologien, die von komplexen Quantensystemen auf der Ebene einzelner Teilchen gesteuert werden, wie z. B. Quantencomputer, schrittweise in unser Leben eingeführt werden.

Mit anderen Worten, das Verständnis, dass ein Quantenzustand außerhalb des Rahmens der klassischen Physik übertragen werden kann, und das Verständnis, dass Quantentechnologien zusammen mit der Quanteninformatik bereits in unser Leben eingeführt werden - das sind zwei weitere wichtige Dinge im Kontext der modernen Interpretationen der Quantenmechanik.

Ich bin sicher, dass viele von Ihnen die Geschichte gehört haben, dass laut einer Umfrage die Vielweltinterpretation bei Wissenschaftlern immer beliebter wird, sie bereits an zweiter Stelle steht und kurz davor ist, die Kopenhagener Interpretation zu überholen und dominant zu werden. Diese Aussage basiert also auf einer absolut unzuverlässigen und längst veralteten Umfrage, die vor mehr als 20 Jahren auf einer Konferenz über Quantenmechanik durchgeführt wurde. Max Tegmark führte unter den Teilnehmern eine Umfrage über ihre bevorzugte Interpretation durch, bei der die Vielweltinterpretation 17 % der Stimmen erhielt und den zweiten Platz belegte.

Nach Tegmarks eigenem Eingeständnis war die Umfrage jedoch recht informell und nicht wissenschaftlich, da beispielsweise mehrere Personen mehr als einmal abstimmten, viele sich enthielten und so weiter.

Auf jeden Fall ist seit dieser Umfrage viel Zeit vergangen. Heute gilt die Umfrage, die Anton Zeilinger auf einer von ihm organisierten Konferenz unter Physikern, Philosophen und Mathematikern, die sich mit Quantenmechanik beschäftigen, durchgeführt hat, als relevanter. Die Ergebnisse dieser Umfrage zeigen ein außergewöhnlich beeindruckendes Bild: An zweiter Stelle nach der Kopenhagener Interpretation steht nicht die Vielweltinterpretation, sondern die auf Information basierende Interpretation oder einfach die Informationsinterpretation. An dritter Stelle steht die bekannte Vielweltinterpretation, an vierter Stelle die Interpretation des objektiven Kollapses. Nun, den fünften Schritt teilen sich der sogenannte Kubismus und die relationale Quantenmechanik.

Was sagen uns diese Ergebnisse? Erstens geben sie uns eine Liste der wichtigsten modernen Interpretationen, denen von führenden Persönlichkeiten der Quantenmechanik Aufmerksamkeit geschenkt wird, was sehr wichtig ist, denn wenn man sich ein wenig tiefer mit dem Thema der Interpretationen beschäftigt, stellt sich heraus, dass es Hunderte, wenn nicht Tausende von ihnen gibt. Schließlich handelt es sich hierbei hauptsächlich um Philosophie mit ziemlich offenen Interpretationen.

Zweitens zeigen diese Ergebnisse ein praktisch null Interesse an Interpretationen mit versteckten Variablen, was eine Folge des Bell'schen Theorems ist, das wir bereits diskutiert haben. Und drittens führt der technologische Fortschritt auf dem Gebiet der Manipulation verschränkter Quantenobjekte, den wir ebenfalls diskutiert haben, dazu, dass eine unglaublich junge Gruppe von Informationsinterpretationen buchstäblich in die Quantenmechanik einbricht.

Informationsinterpretation der Quantenmechanik

Wenn es um Informationsinterpretationen geht, kann man den heute immer wieder erwähnten Physiker Anton Zeilinger, den Nobelpreisträger von 2022, nicht ignorieren, dessen Arbeit am Ursprung dieser Interpretationsrichtung stand. Er sympathisiert definitiv mit dem Informationsansatz zur Quantenmechanik. Was sagen einige seiner Aussagen?

Zum Beispiel spricht er davon, dass unsere Welt auf einer fundamentalen Ebene nicht in physikalische und chemische Teile oder Portionen zerlegt ist, sondern in informationelle. Und in diesem Fall sprechen wir nicht von einem abstrakten und nicht-physischen Konzept nützlicher Informationen aus dem gewöhnlichen Leben, sondern von spezifischen Informationen über den Quantenzustand, die wir tatsächlich aus einem undefinierten Quantensystem extrahieren können. Zum Beispiel Informationen darüber, wo sich ein Teilchen befindet, wie schnell es sich bewegt, welche Masse es hat und so weiter.

Mit anderen Worten, Zeilinger beschreibt ein Quantensystem als eine Sammlung extrahierbarer Quanteninformationen, und diese Informationen werden mit gewöhnlichen binären Fragen mit der Antwort "ja-nein" oder "eins-null" extrahiert, d.h. die Information enthält nur ein Bit an Information. Und seiner Meinung nach ist es genau ein Bit an Information, das der grundlegendste Baustein unserer Welt ist.

Ich verstehe, dass all dies im Moment quantenverschränkt erscheint. Im Kontext realer Experimente wird jedoch alles viel klarer und einfacher. Und darüber hinaus werden solche Dinge wie Quantenunsicherheit und Quantenverschränkung absolut physikalisch logisch.

Obwohl die reale vierdimensionale Natur des Quantenspins viel interessanter ist, ist sie auch viel komplexer. Daher genügt es im Rahmen dieser Beschreibung zu verstehen, dass Spin die Orientierung der Drehachse eines Elementarteilchens im Raum ist, die entweder nach oben oder nach unten gerichtet sein kann. Mit anderen Worten, dies ist eine einfache Quanteninformation, die durch die folgende einfache binäre Frage extrahiert werden kann: "Ist der Spin nach oben gerichtet?".

Die Antwort auf eine solche Frage enthält nur ein Bit an Information: entweder "ja" (eins) oder "nein" (null).

Die direkte Abfrage des Quantensystems kann mit dem klassischen Stern-Gerlach-Experiment durchgeführt werden: Ein Teilchenstrahl wird durch ein inhomogenes Magnetfeld geschickt, wodurch er je nach Spin abgelenkt wird. Der Spin wiederum kann verschiedene Werte annehmen. Nach der Wechselwirkung nimmt die Ablenkungsrichtung jedoch nur zwei Werte an: entweder nach oben oder nach unten.

Im Rahmen der Informationsinterpretation geschieht dies also, weil nur ein Bit an Information aus dem System extrahiert werden kann. Mit anderen Worten, auf unsere Frage "Ist der Spin nach oben gerichtet?" erhalten wir etwa die Hälfte der Antworten "ja", wenn die Ablenkung tatsächlich nach oben gerichtet ist, und die andere Hälfte der Antworten "nein", wenn die Ablenkung nach unten gerichtet ist.

Wenn Sie jedoch zunächst ein Teilchen mit einem bekannten Spin vorbereiten, sagen wir nach unten, bedeutet dies, dass ein Bit an verfügbarer Information bereits vor dem Experiment, vor der Abfrage des Quantensystems, extrahiert wurde. In diesem Fall wird das Ablenkungsergebnis immer dasselbe sein - nach unten. Denn, wie ich bereits sagte, kann das minimale Quantensystem nur ein Bit an Information enthalten.

Und Sie können sagen: "Nun, was ist das für ein Unsinn und Geschwafel? Wenn ich etwas nach unten geschickt habe, dann wird es nach unten gerichtet sein. Wenn ich etwas Rotes genommen habe, dann wird es rot sein." Überstürzen Sie jedoch keine Schlussfolgerungen, denn im Rahmen der Quantenmechanik kommen all die interessantesten Dinge erst noch.

Quantenunsicherheit und Information

In der Tat geschieht das Interessanteste, wenn wir beschließen, unsere Frage für das vorbereitete Teilchen mit Spin nach unten zu ändern und das Setup um 90° zu drehen. Wenn wir nun Messungen vornehmen, stellen wir dem Quantensystem eine andere Frage: "Weichen Sie nach links oder nach rechts ab?".

Wenn man bedenkt, dass wir beim letzten Mal, mit den verfügbaren Informationen über den Spin, das gleiche Ergebnis (nach unten) erhalten haben, erwarten wir auch in diesem Fall ein bestimmtes Ergebnis: entweder links oder rechts. So, als würden wir kein Quantenobjekt, sondern eine Art Magnet starten.

Dies geschieht jedoch nicht. Die Teilchen beginnen wieder, auf eine absolut zufällige Weise abzuweichen, wodurch sie das sogenannte Prinzip der Quantenunsicherheit demonstrieren.

Im Rahmen der Argumentation von Anton Zeilinger geschieht dies also, weil das einzige Bit an Information des Quantensystems bereits zugewiesen und für die anfängliche Bestimmung des Spins nach unten ausgegeben wurde. Ein Quantensystem aus einem Teilchen kann einfach kein weiteres Bit an Information mit der Antwort auf die Frage "links oder rechts?" enthalten. Daher geht es wieder in einen undefinierten Zustand mit einem zufälligen Ergebnis über: links oder rechts.

Mit anderen Worten: Die neue Messung überschreibt oder weist das einzige Bit an extrahierter Information neu zu, von "oben-unten" zu "links-rechts". Darüber hinaus macht ein solcher Ansatz zur Quantenmechanik andere Quantenphänomene physikalisch logisch, zum Beispiel die Welle-Teilchen-Dualität in einem Doppelspaltexperiment, bei dem ein emittiertes Teilchen, das die Eigenschaft einer Welle aufweist, sofort und nicht-lokal in nur einen bestimmten Wert kollabiert, der einem Bit entspricht. Oder zum Beispiel die Quantenverschränkung, bei der wir, nachdem wir den Spin eines Teilchens gelernt haben, sofort und nicht-lokal den Spin eines anderen, mit ihm verschränkten Teilchens lernen.

Dekohärenz und Informationskollaps

Der Informationsansatz erklärt auch die Quantendekohärenz - den Prozess, bei dem Quantensysteme ihre Quanteneigenschaften verlieren und in einen klassischen Zustand übergehen. Quanteninformationen "verteilen" sich in der Umgebung, so dass das System die Quantenüberlagerung nicht aufrechterhalten kann. Dies erklärt, warum wir im Alltag, wo Systeme ständig mit der Umgebung interagieren, keine Quanteneffekte beobachten.

Die Theorie des objektiven Kollapses bietet eine alternative Erklärung für den Kollaps der Wellenfunktion und verknüpft ihn mit der Schwerkraft. Insbesondere das Modell von Penrose legt nahe, dass verschiedene Quantenzustände eines Objekts unterschiedliche Gravitationsfelder erzeugen. Diese Gravitationsfelder, die sich gegenseitig überlagern, führen zu einer Instabilität, die den Kollaps der Wellenfunktion und den Übergang des Objekts in einen bestimmten Zustand verursacht.

Das Modell von Penrose ist besonders faszinierend, weil es die Möglichkeit bietet, die Quantenmechanik und die allgemeine Relativitätstheorie - zwei grundlegende Theorien der Physik, die noch nicht miteinander in Einklang gebracht wurden - zu verbinden. Wenn die Schwerkraft wirklich eine Schlüsselrolle beim Kollaps der Wellenfunktion spielt, könnte dies den Weg zur Schaffung einer Theorie der Quantengravitation ebnen, die die Schwerkraft auf Quantenebene beschreiben würde.

Es gibt viele Interpretationen der Quantenmechanik, von denen jede ihre eigene Sicht auf die Natur der Realität bietet. Aber sind diese Interpretationen nur philosophische Konzepte, oder können sie reale wissenschaftliche Auswirkungen haben? Einige Interpretationen, wie die Theorie des objektiven Kollapses, machen spezifische Vorhersagen, die experimentell überprüft werden können. Dies wirft die Frage auf, ob wir überhaupt Interpretationen brauchen, oder ob wir uns einfach auf den mathematischen Apparat der Quantenmechanik und die experimentellen Daten verlassen können.

Kapitel 8: Quantengravitation

In den Abgrund fallen

Wir alle haben schon vom Problem der Quantengravitation gehört. Hundert Jahre der Versuche, die Quantenmechanik und die allgemeine Relativitätstheorie zu vereinheitlichen, waren nicht erfolgreich. Wissenschaftler haben sich in drei Lager aufgeteilt, jedes mit seiner eigenen Wahrheit. Aber was, wenn sie alle falsch liegen? Was, wenn die Schwerkraft keine fundamentale Kraft ist, sondern eine Folge von etwas Tieferem, das im Gewebe der Realität selbst verborgen ist?

Dieses Kapitel lädt Sie zu einer spannenden Reise an den Rand des Verständnisses des Universums ein. Wir werden uns in ein Schwarzes Loch wagen, um die Geheimnisse der Quanteninformation und Entropie zu lüften und vielleicht unser Verständnis von Schwerkraft und der Natur des Kosmos völlig neu zu überdenken.

Aber zuerst müssen wir unser Wissen über Schwarze Löcher auffrischen. Die meisten Menschen stellen sie sich als Regionen gekrümmter Raumzeit vor, in denen die Schwerkraft so stark ist, dass nicht einmal Licht entkommen kann. Das ist wahr, aber es erklärt nicht das Wesentliche. Was ist Schwerkraft? Warum kann Licht ein Schwarzes Loch nicht verlassen?

Um Schwarze Löcher zu verstehen, müssen wir uns Einsteins allgemeiner Relativitätstheorie zuwenden. Viele Leute denken, dass es um die Krümmung des Raumes geht, aber das ist eine Vereinfachung. Niemand weiß, woraus der Raum besteht. Die allgemeine Relativitätstheorie beschreibt, wie Materie und Energie die Geometrie der Raumzeit beeinflussen und das erzeugen, was wir als Schwerkraft wahrnehmen.

Ein Schwarzes Loch im Rahmen der allgemeinen Relativitätstheorie ist nicht nur eine gekrümmte Region, sondern die Bewegung des Koordinatengitters zu einem Punkt der Energiekonzentration. Wenn man ein Objekt auf ein solches Gitter legt, bewegt es sich auf diesen

Punkt zu, auch wenn es im Raum ruht. Das ist die Schwerkraft - Bewegung entlang des gekrümmten Gitters der Raumzeit.

Der Ereignishorizont

Das wichtigste Merkmal eines Schwarzen Lochs ist der Ereignishorizont. Dies ist die Grenze, jenseits derer nicht einmal Licht entkommen kann. Aber was passiert mit der Information, die hinter den Horizont fällt? Nach der klassischen Physik verschwindet sie für immer und verletzt damit eines der grundlegenden Gesetze des Universums - das Gesetz der Erhaltung der Information.

Stephen Hawking schlug eine Lösung für dieses Problem vor - die Hawking-Strahlung. Schwarze Löcher verdampfen langsam und geben Energie ab, und diese Energie trägt Informationen über das, was in das Schwarze Loch gefallen ist. Aber wie ist das möglich? Wie kann Information, die in einem dreidimensionalen Objekt kodiert ist, auf der zweidimensionalen Oberfläche des Ereignishorizonts gespeichert werden?

Die Antwort liegt im holografischen Prinzip, das ich im vorigen Kapitel teilweise beschrieben habe - eine der erstaunlichsten Ideen der modernen Physik. Es besagt, dass Informationen über ein dreidimensionales Objekt vollständig auf einer zweidimensionalen Oberfläche, die es umgibt, kodiert werden können. Es ist wie ein Hologramm, das die Illusion eines dreidimensionalen Bildes erzeugt, obwohl es eigentlich nur ein zweidimensionaler Film ist.

Das holografische Prinzip legt nahe, dass unser Universum ein Hologramm sein könnte, bei dem alle Informationen über den dreidimensionalen Raum auf einer zweidimensionalen Grenze kodiert sind. Das ist eine radikale Idee, die unser Verständnis der Realität auf den Kopf stellt. Aber wie hängt das mit der Schwerkraft zusammen?

Entropie und Schwerkraft

Hier kommt die Entropie ins Spiel - ein Maß für die Unordnung oder Information in einem System. Die Entropie neigt immer dazu, zuzunehmen, und diese Tendenz könnte die treibende Kraft der Schwerkraft sein.

Stellen Sie sich die Oberfläche des Ereignishorizonts eines Schwarzen Lochs vor. Wenn ein Objekt in ein Schwarzes Loch fällt, wird seine Information auf dieser Oberfläche kodiert, wodurch sich ihre Entropie erhöht. Diese Zunahme der Entropie erzeugt eine Kraft, die wir als Schwerkraft wahrnehmen.

Diese Idee, die als entropische Schwerkraft bekannt ist, bietet eine völlig neue Perspektive auf die Natur der Schwerkraft. Sie verbindet die Schwerkraft mit Quanteninformation und Entropie und eröffnet den Weg zur Vereinheitlichung von Quantenmechanik und allgemeiner Relativitätstheorie.

Die entropische Schwerkraft ist nicht nur eine neue Theorie der Schwerkraft. Es ist ein neues Bild des Universums, in dem die Schwerkraft keine fundamentale Kraft ist, sondern eine Folge des Strebens der Information, die Entropie zu erhöhen.

Dieses Bild kann nicht nur die Schwerkraft erklären, sondern auch dunkle Materie und dunkle Energie - zwei der größten Rätsel der modernen Kosmologie. Dunkle Materie könnte eine Manifestation der Entropie sein, die mit der auf der Grenze des Universums kodierten Information verbunden ist. Dunkle Energie, die die Expansion des Universums beschleunigt, könnte eine Folge der Zunahme der Entropie des Universums selbst sein.

Infolge der Bewegung der Koordinate selbst wird sie sich in Richtung der Energiekonzentration verschieben. Tatsächlich ist eine solche Verschiebung das, was wir Schwerkraft oder Gravitationskraft nennen. Gewöhnliche materielle Objekte, wie Planeten oder Sterne, leisten einer solchen Bewegung Widerstand.

Aus der Sicht eines Schwarzen Lochs liegen die Dinge jedoch etwas anders. Es entsteht in dem Moment, in dem die Energiekonzentration so groß ist, dass die Geschwindigkeit der Bewegung des Gitters oder die Geschwindigkeit des "Entweichens" der Koordinate beginnt, die Lichtgeschwindigkeit zu überschreiten.

Dies führt zur Bildung einer Grenze, die als Ereignishorizont bezeichnet wird. Jenseits dieser Grenze wird sich jede nachfolgende Koordinate, die näher am Punkt der Energiekonzentration liegt, immer schneller zum Zentrum hin "bewegen".

Das bedeutet, dass selbst Informationen, die sich mit der maximal möglichen Geschwindigkeit (z. B. Licht) fortbewegen, niemals in der Lage sein werden, das Schwarze Loch zu verlassen, einfach weil sich die Koordinaten selbst, durch die sie sich bewegen, schneller "bewegen" als ihre eigene Geschwindigkeit.

Alles, was den Ereignishorizont überschreitet, ist dazu verdammt, in die Singularität zu fallen - einen Punkt unendlicher Dichte und Krümmung der Raumzeit.

Die allgemeine Relativitätstheorie heißt jedoch nicht umsonst so. Das Koordinatengitter ist ein ziemlich relatives mathematisches Werkzeug, bei dem fast alles vom Standpunkt bzw. vom Bezugssystem abhängt. Was für einen Beobachter wie ein Sturz in ein Schwarzes Loch aussieht, kann für einen anderen ein ganz anderer Prozess sein.

Um das besser zu verstehen, stellen wir uns vor, dass wir einen Forscher auf eine Reise zu einem Schwarzen Loch schicken. Unser Forscher wird uns ständig Signale senden, die wir als eine Art Uhr verwenden werden.

Wenn wir uns dem Schwarzen Loch nähern, stellen wir fest, dass diese Signale immer seltener kommen, als ob sich die Zeit für den Forscher verlangsamt. Dies geschieht aus zwei Gründen.

Erstens krümmt die Schwerkraft des Schwarzen Lochs die Raumzeit, so dass die Entfernung, die die Signale zurücklegen müssen, größer wird. Und da die Lichtgeschwindigkeit konstant ist, bedeutet eine größere Entfernung eine längere Reisezeit für das Signal.

Zweitens gibt es eine sogenannte "Rotverschiebung". Durch die Bewegung der Raumzeit selbst um das Schwarze Loch werden die Lichtwellen gedehnt, ihre Frequenz nimmt ab und sie verschieben sich in den roten Teil des Spektrums. Auch dadurch erreichen uns die Signale seltener.

Wenn wir uns dem Ereignishorizont nähern, verstärken sich diese Effekte. Die Signale werden immer seltener und hören dann ganz auf zu kommen. Aus unserer Sicht scheint der Forscher am Rande des Schwarzen Lochs einzufrieren, sein Bild ist in der Zeit abgeflacht und gestreckt.

Wie ich bereits sagte, ist bewegtes Licht bzw. Photonen nicht wichtig, um zu sehen, was am Ereignishorizont geschieht, sondern weil sie die maximal mögliche Geschwindigkeit der Informationsausbreitung im Raum widerspiegeln. Jede Information.

Für das äußere Universum bedeutet dies, dass alle Informationen von jedem dreidimensionalen Objekt, das jemals in ein Schwarzes Loch gefallen ist, auf der zweidimensionalen Kugel des Ereignishorizonts eingefroren werden. Mit anderen Worten: Sie wird auf der Oberfläche des Ereignishorizonts kodiert.

Außerdem kann man durchaus sagen, dass aus der Sicht eines externen Beobachters, also uns, die Region jenseits des Ereignishorizonts überhaupt nicht existiert. Genauer gesagt, es macht keinen objektiven Sinn, darüber nachzudenken, da es unwahrscheinlich ist, dass irgendeine Information oder irgendein Ereignis sie verlassen kann. Eigentlich wird diese Grenze deshalb Ereignishorizont genannt.

Es ist jedoch wichtig, nicht zu vergessen, dass eine solche Eigenschaft nur eine Folge der Tatsache ist, dass die Geschwindigkeit der Informationsausbreitung Grenzen hat.

Stellen Sie sich zwei Beobachter vor, Alice und Bob. Alice ist immer in Ruhe, und Bob bewegt sich von ihr weg. Etwas ganz anderes geschah: Zuerst bemerkte Bob, dass sich die Zeit des Universums zu beschleunigen begann, und dann blieb er auch stehen, weil er den

Ereignishorizont überschritt. In diesem Moment, wie wir bereits gesagt haben, wird sich jede nachfolgende Koordinate immer schneller bewegen, so dass auch die Informationen des umgebenden Universums sie niemals erreichen werden. Alles, was Bob sehen wird, ist eine Wand des letzten Informationsabdrucks des Universums, der sich von ihm wegbewegt.

Was am Ende des Weges mit Bob passieren wird, wissen wir nicht. Im Rahmen der allgemeinen Relativitätstheorie sollte sein Weg jedoch in einer Singularität enden, am Nullpunkt der Raumzeit, wo nach den Gesetzen der Quantenmechanik kein materielles Objekt existieren kann. Mit anderen Worten: Es muss zerstört werden, und reine Energie muss auf die Metrik selbst oder den Bereich der Raumzeit übertragen werden.

Im Rahmen unserer Diskussion ist all dies eigentlich nicht wichtig. Etwas ganz anderes ist wichtig. Tatsächlich führt eine solche Informationssituation zu einer Menge Paradoxien und bringt unsere wissenschaftlichen Theorien völlig durcheinander. Ein Schwarzes Loch ist nicht einmal ein Lackmustest, sondern ein riesiger Zeiger von mehreren Millionen Sonnenmassen, dass wir wahrscheinlich völlig falsch liegen, wie das Universum funktioniert. Was in der Tat die Aufmerksamkeit einer großen Anzahl von Wissenschaftlern und Menschen auf das Studium dieser Objekte lenkt.

Das ist nicht ganz richtig.

Es war und wird immer Energie sein, die sich in der klassischen Welt nur in Form ihrer Eigenschaften, in Form der Eigenschaften eines Teilchens oder einer Welle manifestieren kann. Da dies der minimale Energieanteil ist, gibt es darüber hinaus eine begrenzte Menge an physikalischen Eigenschaften wie Position, Impuls und Ladung. Und die Hauptsache für uns ist der Spin.

Also, Spin, nach dessen Namen Sie wieder denken wollen, dass dies Rotation ist, ist keine Rotation. Zumindest, weil Rotation auch ein Bestandteil der emergenten Welt ist. Das heißt, wenn sich der Ball um seine Achse dreht, gibt es tatsächlich keine Rotation, es sind nur die Atome seiner Struktur, die sich im Kreis bewegen, und das war's.

Im Gegenzug gibt es keine physische Möglichkeit, wahrscheinliche Energie zu drehen. Selbst wenn wir annehmen, dass dies immer noch ein klassisches Teilchen ist, dann wird aufgrund des winzigen Maßstabs die Winkelgeschwindigkeit jeder Rotation die Lichtgeschwindigkeit überschreiten, was ebenfalls unmöglich ist.

Kurz gesagt, Drehimpuls ist eine Pseudokraft, die entsteht, wenn sich ein Objekt dreht. Eine solche Kraft kann sich auf unterschiedliche Weise manifestieren, aber für uns ist wichtig, dass sie einer anderen Kraft widerstehen kann. Zum Beispiel fällt ein Kreisel nicht um, weil die Drehimpulskraft an seinen Rändern stärker ist als die Schwerkraft.

Daher können Sie überprüfen, ob ein Quantenteilchen rotiert oder nicht, indem Sie es mit etwas Kraft beeinflussen. Wenn das Teilchen ihm widersteht, dann dreht es sich, und wenn nicht, dann dreht es sich nicht.

Das Standard-Stern-Gerlach-Experiment mit Elektronen ist dafür am besten geeignet. Da jedes Elektron eine Ladung hat, muss es mit dem Magnetfeld interagieren und abgelenkt werden. Wenn es eine Rotation gibt, wird es einer solchen Verzerrung widerstehen.

Um dies zu verstehen, fangen wir zunächst mit kleinen klassischen Magneten an. Wenn wir sie mit einer zufälligen Ausrichtung starten, bilden sie in Wechselwirkung mit dem Magnetfeld schließlich ein gleichmäßiges halbkreisförmiges Muster. Wenn dem Magneten jedoch eine ausreichende Rotation verliehen wird, widersteht er dem Einfluss des Magnetfelds. Zum Beispiel führt eine horizontale Rotation dazu, dass der Magnet Auf- und Abwärtsbewegungen widersteht und sich hauptsächlich in der Mitte konzentriert. Eine vertikale Rotation gegen die Bewegungsrichtung führt zu einer Konzentration oben und in Bewegungsrichtung unten. Nun, und so weiter.

Das heißt, wenn wir anfangen, Elektronen zu starten, wird erwartet, dass das Muster halbkreisförmig ist, wenn es keine Rotation gibt. Und wenn es eine Rotation gibt, konzentrieren sie sich an einer Stelle und werden ungefähr gleichmäßig nach oben und unten aufgeteilt.

Was bedeutet das? Das bedeutet, dass ein Elektron, das die Eigenschaft der Rotation nicht haben kann, die Eigenschaft des Drehimpulses hat, und ein solcher Moment ist richtungsbeschränkt. In diesem Fall entweder nach oben oder nach unten. Das heißt, wenn der Drehimpuls eines klassischen Objekts in jede Richtung zeigen kann, dann ist der Drehimpuls eines Quantenobjekts nicht, er ist diskret, er ist quantum.

Und tatsächlich gibt es nichts Übernatürliches daran. Wie ich bereits sagte, geht es in der Quantenmechanik um die minimalen Anteile von etwas, einschließlich der Richtung des Drehimpulses. Und da wir nicht einmal die genaue Position eines Teilchens bestimmen können, ist es auch ganz normal, dass wir seine klassische Rotation nicht bestimmen können.

Und im Allgemeinen ist Spin eine schreckliche Nerd-Sache, die in der klassischen Welt keine Analogie hat, irgendeine verständlichere Erklärung in gewöhnlichen klassischen Kategorien ohne mathematische Abstraktionen existiert entweder gar nicht oder ist mir unbekannt.

Die fünfzigprozentige Verteilung nach oben und unten zeigt an, dass es bis zum Zeitpunkt der Messung keinen Sinn macht zu glauben, dass die Richtung bereits bestimmt wurde, sie befindet sich im sogenannten Überlagerungszustand, dh sowohl oben als auch unten gleichzeitig. Und erst nach der Interaktion mit der Welt, also nach der Interaktion mit unserem Versuchsaufbau, wird ein Wert bestimmt.

Was bedeutet das alles? Das bedeutet, dass zum Zeitpunkt der Interaktion mit der klassischen Welt undefinierte Quanteninformationen (Spin up, Spin down) in ein Bit Information der klassischen Welt kodiert werden, dh in einen bestimmten Wert kodiert werden: entweder up oder down. Was im Prinzip identisch mit eins oder null ist und als Quantenbit oder Qubit bezeichnet wird, also wiederum der minimale Informationsanteil (den ich im vorigen Kapitel beschrieben habe).

Echte Klassische Informationen

Doch die noch erstaunlichere Tatsache ist, dass wir, solange keine klassischen Informationen extrahiert werden, die Quantenzustände von Qubits verschränken können, wir können eine Abhängigkeit oder Korrelation zwischen ihnen herstellen. Nehmen wir an, Spin aufwärts-aufwärts, abwärts-abwärts oder aufwärts-abwärts. Und wenn wir den Spin eines Teilchens kennen, d. h. ein Bit Quanteninformation extrahieren, kennen wir den Spin des anderen mit hundertprozentiger Wahrscheinlichkeit. Außerdem erfolgt die Bestimmung des Spins des zweiten Teilchens im gleichen Moment wie die des ersten, d. h. sofort. Selbst wenn diese Teilchen an verschiedene Enden des Universums verteilt sind, bleibt dieses Prinzip erhalten, Quanteninformationen werden immer noch sofort extrahiert, als ob sie die maximale Geschwindigkeit der Informationsausbreitung verletzen würden, über die wir vorhin gesprochen haben.

Das stimmt jedoch nicht ganz. Einschränkungen gelten nur für nützliche klassische Informationen, die aus mehr als einem Bit bestehen und an kausalen Zusammenhängen teilnehmen können. Und hier, egal wie man es dreht und wendet und was man tut, wird tatsächlich nur ein Bit extrahiert, das an sich keine nützlichen klassischen Informationen tragen kann.

Man könnte einwenden: "Nun, ein Qubit sind zwei, also sollten zwei Bit an Informationen extrahiert werden." Und man hätte Recht. Aber genau darum geht es. In der Interpretation des Nobelpreisträgers Anton Zeilinger geschieht dies, weil das zweite Bit bereits für die Verbindung selbst ausgegeben wurde. Und wenn man extrahiert, extrahiert man natürlich zwei Bits, aber nur eines davon ist nützlich - die Richtung des Spins.

Deshalb gibt es keine Probleme bei der Überschreitung der Lichtgeschwindigkeit, wahrscheinlich gibt es überhaupt keine Bewegung. Dies ist eine grundlegende Informationsverbindung, die einfach nicht unterbrochen werden kann. Und selbst wenn wir annehmen, dass sich etwas ausbreitet, dann nur Quanten-, nicht nützliche Informationen, die die Kausalität nicht verletzen und für die keine Einschränkungen gelten.

Es ist wichtig zu verstehen, dass dies nur eine informative Interpretation ist. Wir können nicht auf die Quantenebene schauen und sehen, was und wie es dort tatsächlich abläuft. Die Viele-Welten-Interpretation würde sagen, dass wir in einem der Universen mit einem bestimmten Ergebnis leben. Kopenhagen würde sagen, dass es bis zum Moment der Messung überhaupt keine Informationen gibt, nur Wahrscheinlichkeit. Und so weiter.

Quantenverschränkung und die Existenz zweier getrennter Systeme - klassisch und quantenmechanisch - sind jedoch eine Tatsache, die viel tiefere Konsequenzen hat.

Glaubte man vor einigen Jahrzehnten noch, dass der Übergang von einem Quantenzustand in einen klassischen Zustand sofort erfolgt, so hat das Wachstum der technologischen Möglichkeiten, nicht nur zwei Teilchen, sondern immer mehr zu verschränken, diese Vorstellung verändert. Heute können Wissenschaftler ganze Moleküle, die aus Tausenden von Atomen bestehen, in einen Zustand der Überlagerung versetzen, die im Vergleich zu gewöhnlichen Quantenteilchen als unglaublich riesig gelten. Aber noch wichtiger für uns ist, dass sie das System kontrolliert und schrittweise von einem Quantenzustand in einen klassischen Zustand überführen können, indem sie zum Beispiel das Molekül erhitzen. Ein solcher Übergang wird als Quantendekohärenz bezeichnet und tritt aufgrund der Tatsache auf, dass das Molekül beginnt, mit ihm verschränkte Photonen zu emittieren, die sich wiederum allmählich mit einer unglaublichen Anzahl von Teilchen der umgebenden klassischen Welt verschränken und dadurch die Unsicherheit des Quantenzustands verringern.

Das heißt, unsere gesamte klassische Welt ist in Wirklichkeit ein riesiges System aus extrahiertem Spin. Das hat viele tiefgreifende Auswirkungen. Zum Beispiel sagen viele Wissenschaftler deshalb, dass die Welt aus dem Nichts geboren wird. Das ist natürlich eine vereinfachte Konstruktion. Wie Sie bereits verstehen, wird sie nicht direkt aus der Leere geboren, sondern es ist einfach so, dass die beiden

Systeme vor dem Übergang in den klassischen Zustand entweder überhaupt nicht durch nützliche Informationen verbunden sind oder sie einfach nicht definiert sind.

Oder, zum Beispiel, wenn unser gesamtes Universum ein System verschränkter Quantenzustände ist und wir einfach ein Teil davon sind, dann hat es ein bestimmtes Volumen, das einfach nichts anderes hat, mit dem es sich verschränken kann. Das bedeutet, dass sich das gesamte Universum in einem Zustand der Überlagerung befinden kann, d. h. in einem Zustand, in dem mehrere Universen gleichzeitig existieren. Was im Prinzip die richtige Sichtweise der Viele-Welten-Interpretation ist, deren Wellenfunktion sich gleich zu Beginn ihrer Existenz aufspaltet.

Oder können wir zum Beispiel das von uns geschaffene verschränkte Quantensystem, wenn auch unglaublich klein, als ein separates Universum betrachten? Schließlich ist es theoretisch wieder nicht informationell mit unserer klassischen Welt verbunden, aber seine Qubits sind miteinander verbunden. Und wie unterscheidet sich das von den verbundenen Qubits unseres Universums?

Im Allgemeinen gibt es tatsächlich viele solcher Konsequenzen, und um sie aufzudecken, sollte jede von ihnen ein separater großer Abschnitt sein. Jetzt ist es wichtig zu erkennen, dass Information keine abstrakte philosophische Argumentation in der Küche ist, sondern ein echter wissenschaftlicher Forschungsgegenstand, der im Prinzip Aufschluss darüber geben kann, wie unser Universum funktioniert.

Zurück zu unseren Schwarzen-Loch-Forschern, nämlich zu der Situation, in der alle Informationen auf der Ereignishorizontkugel eines Weißen Lochs kodiert sind, können wir sagen, dass alles ganz anders ist. Jetzt wissen wir mit Sicherheit, dass es eine Art Quanten-, eine alternative Art der Informationsverbreitung gibt, und jetzt können wir die Lichtgeschwindigkeitsgrenze umgehen.

Das bedeutet, dass das gesamte Universum nicht nur auf einer zweidimensionalen Kugel kodiert werden kann, sondern auch in Form eines verschränkten Quantensystems, das wiederum mit dem Quantensystem der bereits dreidimensionalen Welt verschränkt ist.

Und was wir als Raum wahrnehmen, ist in Wirklichkeit eine Illusion, die einfach durch die Ausbreitungsgeschwindigkeit nützlicher Informationen auf einer zweidimensionalen Kugel oder durch die Entropie der Information erzeugt wird. Und eine solche Struktur des Universums oder ein solches Modell davon wird als holografisches Universum oder als holografisches Prinzip bezeichnet, über das wir bereits gesprochen haben.

Warum ist das holographische Prinzip so wichtig?

Schließlich werden Zehntausende Wissenschaftler auf der ganzen Welt nicht ihr Leben für das Studium und die Entwicklung bedeutungsloser Ideen aufs Spiel setzen, und weil es dafür fundamentale Probleme des Universums gibt, nämlich dass es wahrscheinlich einfach nicht genug Platz im Universum gibt, um klassische Informationen zu speichern, und dass wir aus irgendeinem Grund nach 100 Jahren des Versuchs nicht in der Lage waren, die Schwerkraft zu quantisieren. Und ein solcher holographischer Ansatz löst diese beiden Probleme auf einmal.

Ich hoffe aufrichtig, dass es mir bis zu diesem Punkt wirklich gelungen ist, die Tatsache zu demonstrieren, dass die Tendenz der Wissenschaftler, das Universum aus der Sicht der Information zu betrachten, nicht nur eine leere philosophische Idee ist, sondern ein echter Forschungsgegenstand, der seine eigenen Ursachen und Folgen hat. Daher wird die Frage offensichtlich: Wie viele Informationen gibt es überhaupt in unserem Universum?

In Wirklichkeit ist eine solche Frage ziemlich spekulativ, zumindest weil wir die wahren Dimensionen des Universums nicht kennen, die unendlich sein können. So gibt es allein im sichtbaren Universum etwa 500 Milliarden Galaxien mit Billionen und Aberbillionen von Sternen, wahrscheinlich mit anderen Formen intelligenten Lebens und völlig anderen Methoden der Datenarchivierung, dunkler Energie, dunkler Materie sowie unzähligen Teilchen, Strahlung und Staub im intergalaktischen Raum. Mit anderen Worten: Es ist einfach unmöglich, alle Informationen des Universums objektiv zu berechnen.

Aber selbst eine grobe Schätzung kann auf eine fundamentale Diskrepanz hinweisen. In Wirklichkeit kann ein Bit klassischer Information in einem Würfel mit Kanten der Planck-Länge, im sogenannten Planck-Volumen, kodiert werden. Sehr oft wird die Planck-Länge als die kleinstmögliche Länge beschrieben. Das ist jedoch absolut nicht wahr. Wir wissen nicht, was Raum ist. Wie können wir seine kleinste Größe kennen?

Tatsächlich zeigt die Planck-Länge nicht die kleinste diskrete Größe einer Länge, sondern die maximal mögliche Länge, die ohne Verlust gemessen werden kann, d. h. die Länge, die im Rahmen der bekannten, ich betone bekannten, Naturgesetze Sinn macht.

Wenn Sie zum Beispiel eine Länge messen wollen, die kleiner als die Planck-Länge ist, benötigen Sie ein Photon, dessen Wellenlänge ebenfalls kleiner als die Planck-Länge ist. Die Energie eines solchen Photons wird jedoch so stark sein, dass es entweder die Metrik unter sich selbst krümmt und die Genauigkeit der Messung verletzt, oder sogar für einen Moment ein Schwarzes Loch bildet. Und in einer solchen gekrümmten Raumzeit sind Sie nicht in der Lage, weder Zeit noch Energie noch Länge zu messen.

Mit anderen Worten: Die Planck-Länge und das Planck-Volumen sind die kleinsten Werte, die Sinn machen. Das geschätzte Volumen des sichtbaren Universums beträgt also 4×10^{185} Planck-Volumen, also eine Vier mit 185 Nullen. Das ist eine für unser Gehirn unvorstellbare Zahl, glauben Sie mir einfach, es ist sehr, sehr viel.

Aber es gibt auch eine Menge sichtbare Materie. Wenn wir die experimentell berechnete durchschnittliche Dichte der sichtbaren Materie, oder besser gesagt die durchschnittliche Anzahl der Atome, nehmen, dann wird die resultierende Zahl etwa 10^{80} sein. Auf den ersten Blick scheint diese Zahl viel kleiner zu sein. Das ist jedoch nur so lange der Fall, bis wir uns daran erinnern, dass der Kern jedes Atoms aus mehreren Protonen und Neutronen besteht. Um jeden Kern herum befindet sich mindestens ein Elektron. Alle Teilchen sind im Wesentlichen Energie, und der Prozentsatz der sichtbaren Materie beträgt nur 4 % der gesamten Energie im Universum.

Außerdem haben wir bereits herausgefunden, dass Schwarze Löcher alle Informationen, die jemals in sie eindringen, in sich kodieren. Sie verschwindet nirgendwo, sie bleibt innerhalb unseres Universums. Und solch ein Informationsmonster mit einer Masse oder Energie von mehreren Millionen oder Milliarden Sonnenmassen befindet sich in fast jeder Galaxie.

Mit anderen Worten: Man braucht die genaue Zahl der realen Informationen nicht zu kennen, denn selbst eine grobe Schätzung zeigt, dass die Zahlen enorm voneinander abweichen können.

Ich verstehe all jene, die von solchen Fragen nicht begeistert sind und denen es schwer fällt, dies zu verstehen. Es scheint, dass es um uns herum nur eine erschreckende Leere des Raumes gibt, nehmen Sie sie und stecken Sie so viele Informationen hinein, wie Sie können. In Wirklichkeit sind jedoch Informationen und das, was wir sehen, nicht dasselbe. In Wirklichkeit reicht das sichtbare Universum nicht aus für die Informationen, die vor uns verborgen sind.

Vielleicht dehnt es sich deshalb aus? Vielleicht liegt hier das Hauptgeheimnis der dunklen Energie? Vielleicht liegt hier das Hauptgeheimnis der dunklen Materie? Vielleicht liegt hier das Hauptgeheimnis von Schwerkraft und Zeit?

Tatsächlich werden wir bei der Suche nach Antworten auf diese Fragen dank unserer Quantenliebhaber, die in ein Schwarzes Loch springen, wieder die ersten Hinweise erhalten.

Wir haben bereits herausgefunden, dass Quanteninformationen, die den Ereignishorizont erreicht haben, für einen externen Beobachter für immer in der Metrik der Raumzeit hängen bleiben, die für ihn davonläuft. Es bleibt jedoch die Frage: Was passiert, wenn wir nicht einen Beobachter dorthin schicken, sondern mehrere, einen nach dem anderen? Das heißt, für einen externen Beobachter wird über einen unendlichen Zeitraum hinweg die Information über jeden von ihnen den Ereignishorizont erreichen und einfrieren. Es entsteht eine Situation, in der sie sich scheinbar überlagern.

Was ist, wenn wir eine Million schicken? Was ist, wenn es eine Billion sind? Und wenn es so viele sind, dass ihre Masse-Energie Milliarden von Sonnenmassen entspricht? Was wird passieren?

Die offensichtliche Antwort ist, dass, wenn wir einem Schwarzen Loch Milliarden von Sonnenmassen hinzufügen, seine Größe zunehmen wird, weil seine Metrik im Rahmen der allgemeinen Relativitätstheorie von der Masse-Energie abhängt. Aber überstürzen Sie nichts. Wie wir bereits gesagt haben, reflektieren die am Ereignishorizont emittierten Photonen alle für einen externen Beobachter verfügbaren Informationen. Für ihn überquert kein Objekt jemals den Horizont. Wir können sagen, dass für ihn der Bereich innerhalb des Schwarzen Lochs überhaupt nicht existiert, er kann nur ein Modell dessen erstellen, was jenseits des Horizonts geschieht, und das war's.

Das heißt, mit anderen Worten, für einen externen Beobachter wird nicht das Volumen des Schwarzen Lochs wachsen, sondern sein Durchmesser, oder besser gesagt, die Oberfläche des Ereignishorizonts wird sich ausdehnen. Und zwar in einem solchen Tempo, dass sie aus irgendeinem unbekannten Grund mit unseren dreidimensionalen Gesetzen übereinstimmen und Newtons Gravitationstheorie und sogar die allgemeine Relativitätstheorie erklären.

Entropie

Ich denke, viele Menschen sind mit dem Konzept der Entropie vertraut. Allerdings wird das gesamte Verständnis von Entropie sehr oft auf die Thermodynamik und ihren zweiten Hauptsatz reduziert. Wahrscheinlich erinnern Sie sich an das Beispiel mit einem Raum und Parfüm: Zuerst befindet sich das Parfüm in der Flasche in einem Zustand niedriger Entropie, und nach dem Sprühen sollten alle Atome gleichmäßig im Raum verteilt sein, mit einer höheren Entropie. Das heißt, ein isoliertes System muss einen Zustand des thermodynamischen Gleichgewichts oder des Energiegleichgewichts erreichen.

In Wirklichkeit ist die Entropie jedoch ein eher relatives und viel grundlegenderes Phänomen, das sich in allen wissenschaftlichen Disziplinen manifestiert.

Im Rahmen dieses Buches interessiert uns die Entropie also eher aus der Sicht der Informationstheorie, die nicht vom Energiehaushalt des Systems spricht, sondern davon, wie viel unbekannte Information benötigt wird, um den physikalischen Zustand jedes einzelnen Elements zu beschreiben.

Das heißt, vom Standpunkt desselben Raumes aus betrachtet, wird viel weniger Information benötigt, um beispielsweise die Position jedes Atoms im Raum zu beschreiben, wenn sich das Parfüm in der Flasche befindet, als im verteilten Zustand im gesamten Raum. Es ist schwer zu sagen, was ein grundlegenderes Phänomen ist: Energie oder Information. Es handelt sich vielmehr um die Manifestation derselben Sache, denn so wie der kleinste Teil der Energie in ein Teilchen quantisiert wird, so wird unbekannte oder verborgene Information in ein Bit quantisiert.

Das heißt, wenn sich ein Teilchen in einem Zustand der Überlagerung befindet (Spin up, Spin down), haben wir überhaupt keine klassischen Informationen über das System, wir haben keine Werkzeuge, um die endgültige Wahl irgendwie vorherzusagen. Die Information ist für die klassische Welt einfach nicht definiert. Mit anderen Worten: Solange sich das Teilchen in einem Überlagerungszustand befindet, ist seine Entropie maximal, und wenn es sich in der klassischen Welt manifestiert, ist sie bereits minimal. Das heißt, wiederum dieselbe Null und Eins.

Es ist sehr wichtig zu beachten, dass so wie die thermodynamische Entropie dem Gesetz der Energieerhaltung gehorcht, so gehorcht auch die informationelle Entropie dem Gesetz der Erhaltung der Information. Dies wird durch das fundamentale Prinzip der

Quantenmechanik belegt. Das heißt, Information kann, wie Energie, nicht einfach aus dem Universum genommen und entfernt werden.

Wenn Sie zum Beispiel ein Gedicht auf ein Blatt Papier geschrieben, es in der Erde vergraben haben und sich nach zig Milliarden Jahren die Energie der Teilchen im gesamten Universum verteilt hat, können Sie dieses Blatt Papier und Ihr Gedicht wiederherstellen, wenn Sie die Informationen über jedes Ereignis kennen. Was auf den ersten Blick logisch klingt und keine Widersprüche hervorruft.

Im Zusammenhang mit Schwarzen Löchern und Objekten, die auf sie fallen, ergibt sich jedoch ein Problem oder sogar ein ganzes Paradoxon. Aus der Sicht der Energieerhaltung in fallenden Objekten gibt es keine Probleme, die Energie bleibt in Form von Krümmung der Metrik, Rotation und Ladung des Schwarzen Lochs verfügbar. Wir können diese Energie indirekt nachweisen, aufgrund der Wechselwirkung mit umgebenden Objekten, die sich in ihrem Gravitations- oder elektromagnetischen Feld befinden.

Aus der Sicht der Information frieren jedoch alle Informationen über ein fallendes Objekt (z. B. aus welchen Energieteilchen es bestand) von einem Bezugssystem aus einfach am Ereignishorizont ein und fallen von einem anderen Bezugssystem aus unweigerlich in eine Singularität. Mit anderen Worten: Für einen externen Beobachter werden alle Informationen über das Objekt unzugänglich, wenn er die Naturgesetze nicht verletzt und sich nicht schneller als mit Lichtgeschwindigkeit bewegt. Bildlich gesprochen hat das Schwarze Loch keinen Faden, keinen Kanal, durch den Informationen entweichen könnten. Das Schwarze Loch ist absolut kahl. Was im Prinzip gegen das Gesetz der Erhaltung der Information verstößt und was im Prinzip nicht passieren sollte.

Aber ist das wirklich der Fall? Bedeutet die Tatsache, dass Informationen für erbärmliche Menschen, die nicht ewig leben können, unzugänglich werden, dass sie gelöscht wurden und für das Universum unzugänglich sind?

Eigentlich nein, die Fluchtgeschwindigkeit am Ereignishorizont ist tatsächlich gleich der Lichtgeschwindigkeit, und die Informationen frieren dort tatsächlich für einen unendlichen Zeitraum ein. Was aber hindert das Universum daran, ebenfalls für einen unendlichen Zeitraum zu existieren? Mit anderen Worten: So wenig intuitiv es auch klingen mag, die Informationen über das Objekt werden nach unendlich langer Zeit wieder in das Universum zurückkehren, aber sie werden zurückkehren.

Und wenn die Information in das Universum zurückkehrt, dann bedeutet dies tatsächlich, dass das Schwarze Loch dem Gesetz der Erhaltung der Information und dem Gesetz der Erhaltung der Energie gehorcht, und daher hat das Schwarze Loch, obwohl es kein materielles Objekt ist, eine reale Entropie und reale Information.

Aber auch hier gilt wieder: nicht ganz so. Allein die Tatsache, dass ein Schwarzes Loch Entropie und Informationen hat, die es verlassen müssen, macht die Situation nur noch schlimmer, denn dann muss es sich zwangsläufig auflösen.

In Wirklichkeit war Jacob Bekenstein der erste, der den von uns entdeckten Zusammenhang zwischen einem Schwarzen Loch und Entropie erkannte und formulieren konnte. Er war der Erste, der verstand, dass die Oberfläche des Ereignishorizonts nur zunehmen kann, und je mehr Masse-Energie in das Schwarze Loch eindringt, desto mehr wird die Oberfläche zunehmen.

Das ist einem konventionellen thermodynamischen System sehr ähnlich: Wenn wir anfangen, einen Raum mit Parfüm zu heizen, d. h. dort Energie zuzuführen, beginnen sich die Teilchen schneller zu bewegen, und die Entropie beginnt zu wachsen.

Diese Ähnlichkeit reichte jedoch nicht aus, um ihr eine wissenschaftliche Bedeutung zu verleihen, da man damals glaubte, dass es unmöglich sei, irgendeine Strahlung von einem Schwarzen Loch zu erfassen. Es hat keine Temperatur, und es ist dann nicht ganz klar, was mit einer solchen Entropie überhaupt gemeint ist.

Einer von denen, denen die Idee der Schwarzen-Loch-Entropie nicht gefiel, war Stephen Hawking, der bei dem Versuch, sie zu widerlegen, die Temperatur der Schwarzen-Loch-Strahlung entdeckte, die Hawking-Strahlung entdeckte und indirekt Bekensteins Idee bestätigte.

Heute wird die Formel, die die Entropie eines Schwarzen Lochs beschreibt, als Bekenstein-Hawking-Formel bezeichnet. Sie sagt im Wesentlichen aus, wie viele Teilchen oder Informationsbits sich auf der Oberfläche des Ereignishorizonts befinden, und dass diese Zahl direkt von der Fläche seiner Oberfläche abhängt.

Berechnungen zeigen also, dass die Oberfläche des Ereignishorizonts eines Schwarzen Lochs nicht nur Entropie hat, sondern dass sie riesig ist, ja sogar maximal. Sie ist so groß, dass viele dazu neigen, zu glauben, dass der größte Teil der Informationen im Universum auf der Oberfläche der Ereignishorizonte von Schwarzen Löchern kodiert ist, insbesondere auf der Oberfläche der Ereignishorizonte von supermassereichen Schwarzen Löchern.

Aber noch wichtiger ist, dass dies die Herangehensweise der Wissenschaftler an das Studium des Universums völlig verändert hat. Während man früher logischerweise glaubte, dass die maximale Informationsmenge im dreidimensionalen Raum untergebracht werden kann, stellte sich heraus, dass die maximale Informationsmenge tatsächlich auf einer zweidimensionalen Ebene untergebracht werden kann. Deshalb flirtet die überwiegende Mehrheit der modernen Arbeiten zur Quantengravitation oder zur Theorie von allem irgendwie mit niedrigeren Räumen und dem holographischen Prinzip, über das wir später sprechen werden.

Es ist wichtig zu beachten, dass diese Technik nicht sagt, welche Art von Information auf der Fläche des Ereignishorizonts gespeichert wird und in welcher Form. Sie spricht nur von der Tatsache, dass sie existiert und wie groß ihr Volumen ist.

Und übrigens, wenn wir davon ausgehen, dass die wirklichen Informationen auf einer zweidimensionalen Ebene gespeichert sind, dann gibt es mehr als genug Platz, wenn wir auf das Fehlen eines dreidimensionalen Raums für alle Informationen des Universums zurückkommen.

In Wirklichkeit sind wir an einem Punkt angelangt, an dem der Informationsansatz unser Verständnis des Universums völlig verändern kann. Im gesamten Kapitel sind wir von einem Zusammenhang zwischen Schwerkraft, Quanteninformation, Entropie und dem holographischen Prinzip des Universums überzeugt. Bis zu einem gewissen Grad scheint es sogar, dass dies nicht nur eine Verbindung ist, sondern einzelne Teile eines Puzzles, die die Frage beantworten können, warum wir nach 100 Jahren noch keine Theorie der Quantengravitation gefunden haben.

Bei der Beantwortung dieser Frage sind die Wissenschaftler in drei Gruppen geteilt. Einige sagen, dass das Problem in der Unkorrektheit der Quantenmechanik liegt, andere sagen, dass die allgemeine Relativitätstheorie falsch ist, und wieder andere sagen, dass wir noch eine vereinheitlichende, allmächtige Theorie von allem brauchen. Das Hauptproblem ist jedoch allen gemeinsam: Die Gesetze sowohl der Quantenmechanik als auch der allgemeinen Relativitätstheorie funktionieren mit außergewöhnlicher Genauigkeit. Alle unzähligen Versuche, diese Theorien zu widerlegen oder zu kombinieren, haben keine statistisch signifikanten Ergebnisse geliefert. Und im Moment gibt es keine andere Theorie, die mit all den alten experimentellen Daten übereinstimmen und etwas Neues über das Universum erzählen könnte.

Entropische Gravitation

Der niederländische theoretische Physiker Erik Verlinde glaubt dies, und die Argumente seiner Theorie der entropischen Gravitation scheinen Wissenschaftler zu überzeugen oder sogar in der Lage zu sein, die allgemeine Relativitätstheorie zu ersetzen.

Im Mittelpunkt seiner Theorie steht also eine wenig bekannte Pseudokraft, die sogenannte Entropiekraft. Wenn man zum Beispiel eine verbundene Struktur, die an einer Wand befestigt ist, in eine vollständig isolierte Kiste mit Gas legt, wird die chaotische und ungeordnete Bewegung der Gasatome die Struktur ständig bewegen und zur Wand hin verdrehen. Dieses Phänomen ist darauf zurückzuführen, dass die Bewegung von Hunderten von Millionen Gasatomen eine gleichmäßig verteilte Schubkraft erzeugt. Da die Struktur an einer Wand befestigt ist, wird sie einer Bewegung in die entgegengesetzte Richtung widerstehen, was bedeutet, dass die resultierende Kraft sie ständig in einen verdrehten Zustand in der Nähe der Wand bringen wird. Selbst wenn man ein Atom nimmt, wird es die Struktur früher oder später in der Nähe der Wand verdrehen.

Mit anderen Worten: Die Entropiekraft ist eine emergente, d. h. eine erworbene Eigenschaft des statistischen Verhaltens einer großen Anzahl von Teilchen. Wenn wir außerdem die dem System zugeführte Energie erhöhen, was einer Erhöhung der Masse gleichkommt, dann wird die Kraft zunehmen. Und wenn wir eine in der Mitte verbundene Struktur nehmen, dann rollt sie sich zu einer Kugel zusammen, und die Kraft wirkt gleichmäßig von allen Richtungen auf die Mitte.

Das heißt, all dies ist ähnlich wie die klassische Gravitation funktioniert. Wenn man jedoch darüber nachdenkt, ist das nicht ganz richtig. Erstens würde eine Bewegung mit gleichförmiger Geschwindigkeit in einer solchen Umgebung einen ständigen Energieaufwand erfordern, der im offenen Raum nicht beobachtet wird. Und zweitens würde eine Erhöhung der Energie der Struktur selbst nicht zu einer Erhöhung der Entropiekraft führen, sondern zu ihrer Verringerung.

Aus der Sicht der thermodynamischen Entropie ist alles klar, aber wir haben vorhin über die Entropie der Information gesprochen, und das ist nicht genau dasselbe. Zumindest breitet sie sich nicht in der Umgebung aus, sondern ist eine fundamentale Quanteneigenschaft.

Wenn man also die Formel nimmt, die im Rahmen des Entropieprinzips abgeleitet wurde, dann wird die endgültige Gleichung nach einigen Manipulationen das bekannte Newtonsche Gravitationsgesetz vollständig wiederholen. Und da das Newtonsche Gesetz ein Sonderfall der allgemeinen Relativitätstheorie ist, kann man durch die Einführung zusätzlicher Parameter auch den mathematischen

Apparat der allgemeinen Relativitätstheorie ableiten. Was wirklich faszinierend ist.

Verlinde selbst beschreibt diese Gravitation nicht als fundamentale Kraft, sondern als Folge einer Änderung der Entropie, d. h. als Kraft der Verschränkung von Informationsbits von Quantenteilchen auf der Oberfläche einer zweidimensionalen Ebene. Was sich in unserer Interpretation der dreidimensionalen Welt als Schwerkraft manifestiert.

Es ist schwer zu sagen, welcher Prozess dieser Idee zugrunde liegt. Man kann es jedoch so interpretieren, dass die entropische Gravitation von der Anzahl der verschränkten Teilchen auf der Oberfläche einer zweidimensionalen Ebene abhängt. Das heißt, je mehr verschränkte Teilchen es gibt, desto stärker spüren wir die Schwerkraft. Was im Prinzip logisch ist.

Außerdem versucht Verlinde, der versteht, dass die neue Theorie nicht nur alte Beobachtungen einschließen, sondern auch neue Vorhersagen machen soll, in seinen neuen Artikeln die dunkle Materie zu erklären, die eine überschüssige unsichtbare Gravitation erzeugt. Konkret glaubt er, dass dunkle Materie nicht eine bestimmte Art von Teilchen ist, die wir seit Jahrzehnten nicht nachweisen können, sondern das Ergebnis der Verschränkung von Teilchen aus dem sichtbaren Universum mit Teilchen außerhalb davon. Das heißt, Teilchen, die sich irgendwo im frühen Universum nahe beieinander befanden und verschränkt waren, erzeugen heute eine entropische Gravitation auf der Oberfläche des Hologramms, und wir interpretieren dies als zusätzliche unsichtbare Gravitation der dunklen Materie. Was im Prinzip auch logisch ist.

Es ist jedoch sehr wichtig zu beachten, dass dies immer noch Interpretationen sind. In Wirklichkeit gibt der mathematische Apparat der Theorie der entropischen Gravitation keine Antwort darauf, welche Informationsprozesse auf der Oberfläche eines zweidimensionalen Hologramms ablaufen und wie genau die Gravitation in unserer dreidimensionalen Welt entsteht. Diese Theorie besagt nur, dass die Entropie der auf einem zweidimensionalen Hologramm kodierten Information aus irgendeinem unbekannten Grund unsere dreidimensionalen Gesetze wiederholt.

Daher ist die Hauptkritik an der Theorie der entropischen Gravitation einfach eine Möglichkeit, die bekannte Mathematik aus einem anderen Blickwinkel zu betrachten. Aber ist das nicht das Wesen eines wissenschaftlichen Durchbruchs?

Die entropische Gravitation hat die Tür zu neuen wissenschaftlichen Forschungen und einem neuen Ansatz für das Studium des Universums geöffnet. Jedes Jahr wächst die Zahl der veröffentlichten Arbeiten, die das Universum aus der Sicht der Quanteninformation betrachten. Und vor nicht allzu langer Zeit, im April 2024, wurde eine Arbeit veröffentlicht (Referenz 40), die die Idee weiterentwickelte, dass, wenn das gesamte Universum eine riesige Struktur von miteinander verschränkten Quantenteilchen ist, die auf einer zweidimensionalen Kugel kodiert sein könnten, was dann das gesamte Universum, die gesamte verschränkte Struktur auf der Kugel, daran hindert, mit einem anderen solchen Universum verschränkt zu werden?

Die Schlussfolgerung dieses Artikels lautet: Wenn ein solches Universum mit unserem Universum verschränkt wäre, dann würde dies die dunkle Energie erklären, die sich in Form von negativer Gravitation manifestiert, den Raum ausdehnt und etwa 70 % der gesamten Energie im Universum ausmacht.

Das heißt, die Verschränkung solcher Universen würde eine entropische Gravitation zwischen ihnen bilden, und die Gravitation des gesamten Universums, die die kolossalen 70 % der gesamten Energie erklärt. Und da wir uns in einem von ihnen befinden oder kodiert sind, würden wir sie als negative Gravitation wahrnehmen, die unseren Raum ausdehnt. Was wiederum sehr logisch ist.

Mit anderen Worten: Die Theorie der entropischen Gravitation besagt, dass unsere gesamte Welt eine verschränkte Struktur von Quanteninformationen ist, die auf der Oberfläche einer zweidimensionalen Kugel kodiert ist. Die Gravitation in ihr ist keine fundamentale Kraft, sondern nur eine Folge der Entropie der Information auf ihrer Oberfläche, und eine Folge, die dunkle Materie und möglicherweise auch dunkle Energie erklären kann.

Kapitel 9: Neuronale Harmonie

Neuronale Harmonie

Wir haben einen langen Weg zurückgelegt, von einfachen Beispielen mit einer Fliege und einem Ziegelstein bis hin zu komplexen Konzepten der Quantenmechanik und der Relativitätstheorie. Wir haben untersucht, wie Quanteneffekte in der Makrowelt durch Quantenbiologie wirken können, sind in die Welt der subatomaren Teilchen eingetaucht, wo die Gesetze der Quantenwelt herrschen, und haben sogar einen Blick hinter die Kulissen verschiedener Interpretationen geworfen, um zu verstehen, wie sie erstaunliche Quantenphänomene erklären. Wir haben auch die Natur von Raum, Zeit und unserer Wahrnehmung der Realität betrachtet sowie den Zusammenhang zwischen Mathematik und der physischen Welt untersucht.

Wir haben sogar die aufregende Idee angesprochen, dass das Gehirn möglicherweise mit Quanteneffekten arbeitet. Alle vorherigen Kapitel basierten auf einem soliden Fundament wissenschaftlicher Erkenntnisse, aber in diesem letzten Kapitel möchte ich vom strengen wissenschaftlichen Rahmen abweichen und meine persönlichen Gedanken, Forschungen und philosophischen Überlegungen mit Ihnen teilen.

Dies wird ein Raum für das freie Spiel der Ideen sein, in dem wir die metaphysischen Aspekte des Bewusstseins, die Verbindung zwischen der Quantenwelt und unseren inneren Erfahrungen sowie die potenziellen Auswirkungen dieser Ideen auf unser Verständnis der Realität und den Platz des Menschen darin erforschen können.

Der Beginn der Forschung

Alles begann, als ich zehn Jahre alt war. Es war eine Zeit des Erwachens, in der man gerade erst anfängt, sich seiner selbst als Individuum bewusst zu werden, seine eigene Einzigartigkeit zu entdecken und die Welt um sich herum zu erkunden. Das emotionale Gleichgewicht ist in diesem Alter äußerst fragil, und jedes Ereignis, jeder Eindruck kann einen ganzen Sturm von Gefühlen auslösen, der es einem ermöglicht, das gesamte Spektrum der Emotionen mit unglaublicher Intensität zu erleben.

Seit meiner Kindheit habe ich ein außergewöhnliches Gedächtnis für Ereignisse, insbesondere für solche, die starke Emotionen hervorgerufen haben. Diese lebendigen Erinnerungen, wie lebendige Bilder, füllen mein Leben mit Farben und helfen mir, mich selbst und die Welt um mich herum tiefer zu verstehen.

Und dann bemerkte ich eines Tages eine interessante Sache: An Tagen, an denen die emotionale Spannung hoch war, zum Beispiel, wenn etwas Interessantes und Freudiges passierte und ich etwa einen halben Tag lang glücklich war, dann schien am selben Tag das Gegenteil davon zu passieren - etwas stark Negatives. Und an Tagen, an denen alles ruhig war, verlief der ganze Tag gleichmäßig, aber wenn etwas passierte, war es, als ob es eine starke Emotion gäbe, dann musste es eine entgegengesetzte geben, um sie auszugleichen.

Und ich begann, dies zu beobachten, mich auf solche Dinge zu konzentrieren. Und Sie fragen sich, warum ich überhaupt darüber rede? Selbst wenn es wahr wäre, dann gäbe es vielleicht aus evolutionärer Sicht einen solchen Mechanismus zum Ausgleich von Emotionen, damit man zum Beispiel nicht verrückt wird, das Gehirn könnte einen Schutzmechanismus haben. Das wäre eine gute Erklärung, aber es stellt sich heraus, dass alles nicht so einfach ist.

Das Paradoxon der Emotionen

Als ich anfing, wissenschaftliche Literatur zu studieren, stellte ich mir immer Fragen und fand dann Antworten darauf. Zum Beispiel: Warum ist der Himmel blau? Wie funktioniert die Schwerkraft? Was ist ein Schwarzes Loch? Aber eine Frage ließ mir keine Ruhe: Wie können Emotionen existieren?

Wir wissen bereits, welche chemischen Reaktionen im Gehirn ablaufen, welche Teile davon beteiligt sind, wie das Gedächtnis mit Hilfe neuronaler Netze organisiert ist. Das ist alles schön und gut, aber wie kann ein Atom mit einem anderen Atom interagieren und eine Emotion hervorrufen? Etwas Unbelebtes erzeugt Gefühle, die uns helfen, uns zu entwickeln und uns fortzupflanzen. Das scheint ein unglaubliches Paradoxon zu sein.

Eine mögliche Antwort ist, dass Emotionen ein emergentes Phänomen sind, d. h. eine Eigenschaft, die auf einer höheren Organisationsebene des Systems entsteht, aber auf niedrigeren Ebenen fehlt. So wie das Bewusstsein aus der komplexen Wechselwirkung von Milliarden von Neuronen entsteht, so können auch Emotionen das Ergebnis komplexer Muster neuronaler Aktivität und chemischer Reaktionen sein.

Und als ich das Muster der emotionalen Schwankungen bemerkte, fragte ich mich: Können Emotionen nicht ausgeglichen sein, so viel Negatives wie Positives? Es klingt eigentlich lustig, aber ich wurde neugierig, weil etwas sehr Ähnliches passierte.

Balance der Emotionen

Und so wartete ich die nächsten Monate auf solche Tage, an denen die perfekte Korrelation sichtbar sein würde, und ich musste nicht lange warten. Die Gefühlszustände in diesem Alter sind lebhaft, und es war recht einfach, sie zu vergleichen. Und jetzt waren einige Monate vergangen, und ich war einfach schockiert: zu meiner Überraschung stellte sich heraus, dass es wirklich stimmte.

Lassen Sie mich ein Beispiel geben. Ich war zu Hause und fühlte mich sehr gelangweilt und traurig, nichts zu tun. Das waren klare Emotionen, und am selben Tag konnten Freunde zu mir kommen, oder ich konnte irgendwo hingehen und mit ihnen in der Natur spielen, und es hat Spaß gemacht. Und es war, als ob es ein Gleichgewicht gäbe, das sehr deutlich sichtbar war. Und an den Tagen, an denen ich nichts tat, ging alles wie gewohnt und ruhig weiter. Und ich fühlte solche Muster hunderte Male, und ich verglich sie und kam zu einem gewissen Schluss, dass es immer noch eine fast gleiche Korrelation von Emotionen gibt.

Ich war schockiert, wie das sein konnte, und gleichzeitig glücklich darüber. Als ich meinen Eltern davon erzählte, erzählte ich ihnen ausführlich von meinen Forschungen und beschrieb alles so, wie es war, und warum es cool war. Und danach ignorierten sie mich einfach und fingen an, mir religiöse Themen zu erzählen, wie alles funktioniert. Danach wurde mir klar, dass es besser war, es nicht noch einmal zu erwähnen.

Und ich tat es auch, aber ich setzte meine Forschungen fort. Und als ich schon 12 war, bemerkte ich dieses Muster weiterhin jeden Tag, in der Schule, zu Hause, überall. Ich begann bereits unbewusst zu berechnen, was mich in Zukunft erwartet. Wenn der Morgen mit Ärger begann, wusste ich, dass der Tag etwas Gutes bringen würde, und umgekehrt. Es war wie ein inneres Barometer, das das Wetter meiner Gefühle vorhersagte.

Einerseits gab es mir ein Gefühl der Kontrolle, ich konnte mich auf zukünftige Stimmungsschwankungen vorbereiten. Aber andererseits schuf es auch einen gewissen Fatalismus. Wenn ich wusste, dass nach der Freude Traurigkeit kommen würde, war es dann wert, sich so sehr zu freuen?

Diese Fragen schwirrten mir im Kopf herum und zwangen mich, über die Natur der Emotionen nachzudenken, darüber, wie sie mit unserer Wahrnehmung der Welt verbunden sind und ob wir dieses Gleichgewicht beeinflussen können.

Als ich erkannte, dass meine Beobachtungen auf die Unvermeidlichkeit eines Gleichgewichts zwischen positiven und negativen Emotionen hindeuten, verursachte dies tatsächlich Enttäuschung bei mir. Mir wurde klar, dass der Wunsch nach Utopie, nach einem Zustand ewigen Glücks und Sorglosigkeit, eine Illusion ist. Das Leben kann kein kontinuierlicher Strom von Freude sein, und diese Erkenntnis war für mich zunächst schwierig. Aber mit der Zeit habe ich mich mit dieser Wahrheit abgefunden und sie als integralen Bestandteil des Seins akzeptiert.

Die Mathematik der Emotionen

Als ich 14 wurde, merkte ich, dass mir eine Sache fehlte. Ich berechnete positive und negative Emotionen, ihre Zeit und Dauer, aber aus irgendeinem Grund war das Bild unvollständig, manchmal stimmte das Verhältnis nicht überein. Und dann bemerkte ich, dass es notwendig war, körperliche und moralische Arbeit als negative Emotionen hinzuzufügen, wonach das Bild völlig klar wurde und alles zusammenpasste.

Und dann beschloss ich, Folgendes zu tun: genaue Aufzeichnungen über die Emotionen den ganzen Tag über zu führen. Ich hatte das schon einmal getan, aber nur bestimmte, die meisten ausgeprägten Emotionen wurden ausgewählt, aber was würde passieren, wenn ich den ganzen Tag aufzeichnen würde, welche Art von Grafik würde ich bekommen?

Und nach meinen Plänen sollte es eine Möglichkeit geben, die fehlende Emotion zu berechnen, die nicht übrig bleiben würde, damit das Gleichgewicht eintritt.

Und ich begann zu handeln. Ich schrieb die Emotionen vom Anfang bis zum Ende des Tages auf, gab ihnen eine Bewertung von -100 bis +100, notierte die Dauer und schrieb auf, um welche Art von Emotion es sich handelte. Ich schrieb alles auf, was ich fühlte, gab Bewertungen ab und so weiter.

- Positive Emotionen: Kommunikation mit Freunden, leckeres Essen, Entspannung auf der Couch, Erfolg im Studium, einen interessanten Film sehen, Spaziergänge in der Natur, ein Geschenk erhalten, Lieblingsmusik hören, sich verliebt fühlen, ein Ziel erreichen.
- Negative Emotionen: Streit mit Freunden, geschmackloses Essen, Langeweile, Misserfolge im Studium, schlechtes Wetter, Verlust von etwas Wertvollem, sich einsam fühlen, Misserfolg beim Erreichen eines Ziels, körperliche Schmerzen, Müdigkeit, Stress.

Dann, am Ende des Tages, bevor ich ins Bett ging, verwandelte ich meine Emotionen in Zahlen. Ich multiplizierte die Intensität jeder

Emotion mit ihrer Dauer und erhielt so eine Art "Punktzahl". Dann summierte ich diese Punktzahlen, getrennt für positive und negative Emotionen. Und jedes Mal, wenn ich den Tag zusammenfasste, fiel mir ein Muster auf: Die Gesamtmenge der positiven und negativen Punktzahlen tendierte immer gegen Null.

An einem durchschnittlichen Tag betrug die Gesamtzahl der Emotionspunkte beispielsweise 25 Tausend. Aber wenn man alle positiven zusammenzählt und alle negativen abzieht, schwankte das Ergebnis innerhalb von plus oder minus 1000. Es war erstaunlich! Es schien, als gäbe es einen unsichtbaren Mechanismus, der das Gleichgewicht meiner Emotionen reguliert und nicht zulässt, dass sie zu sehr in die eine oder andere Richtung abweichen.

Ich war schockiert über diese Entdeckung. Wie ist das möglich? Ist das nur ein Zufall, oder gibt es wirklich ein grundlegendes Muster, das unsere Emotionen bestimmt? Diese Fragen ließen mir keine Ruhe und trieben mich zu weiteren Forschungen an.

Und ich führte weiterhin jeden Tag Aufzeichnungen, und alles wiederholte sich weiter, und es vergingen mehrere Monate, und ich hatte mehrere Notizbücher vollgeschrieben. Ich setzte dieses Experiment so lange fort, obwohl es fast jeden Tag bestätigt wurde, weil ich versuchte zu berechnen, welche Emotion in der Zukunft auf mich warten würde, aber darauf kommen wir später zurück.

Und da ich so viele Informationen hatte, beschloss ich, sie auf einen Computer zu übertragen, damit ich sie vielleicht herausfinden und irgendwie bearbeiten konnte, und damit der Computer bei der Berechnung helfen würde. Und so gab ich die Aufzeichnungen über die Intensität der Emotionen für eine lange Zeit ein und tat es schließlich, und um visuell zu sehen, wie es aussah, erstellte ich ein Diagramm. Und wissen Sie, was ich sah? - Ein glockenförmiges Diagramm (Abb. 5), eine perfekte Normalverteilungskurve!

Ich dachte, dass dies einfach nicht sein kann, wie aus etwas so Chaotischem wie meinen Emotionen eine so klare Struktur entstehen konnte. Es war unglaublich! Ich betrachtete dieses Diagramm, und die fantastischsten Gedanken schossen mir durch den Kopf. Vielleicht ist das nicht nur ein unglaublicher Zufall? Oder vielleicht leben wir wirklich in einer Art Simulation, in der unsere Emotionen so programmiert sind, dass sie einem mathematischen Algorithmus folgen?

Dieser Gedanke war zugleich aufregend und beängstigend. Wenn unsere Emotionen unsichtbaren Gesetzen unterliegen, haben wir dann einen wirklichen freien Willen? Können wir unsere Gefühle kontrollieren, oder sind sie nur Marionetten in den Händen eines kosmischen Puppenspielers?

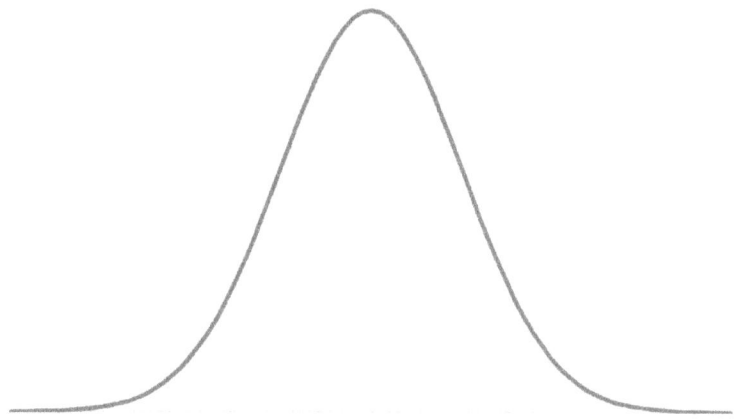

Abbildung 5. - Normalverteilungskurve

About a year ago, Vor etwa einem Jahr, als ich 13 Jahre alt war und alles, was ich sah, berechnete, begann ich in der Schule zu bemerken, dass meine Klassenkameraden bestimmte Gegensätze zu haben schienen, die sich gegenseitig ausglichen. Das erste, was mir auffiel, war die Größe der Schüler. Ich sah, dass es für jede kleine Person scheinbar eine große Person gab. Ich ging durch die Klassenzimmer und machte diskret Beobachtungen, und es stellte sich heraus, dass in den meisten Klassen, in denen alle mehr oder weniger durchschnittlich groß waren, die Minderheit gleich war. Aber sobald es jemanden gab, der kleiner oder größer als die Norm war, wurden sie ausgeglichen, es sah aus wie 2 Punkte auf einem Normalverteilung Graphen, die sich auf beiden Seiten gegenüberstanden.

Aber das ist noch nicht alles. Ich begann auch zu bemerken, dass dieselbe Verteilung scheinbar auch für Persönlichkeiten galt: für jede schüchterne und stille Person gab es eine gesellige und gesprächige; für jeden Pessimisten gab es einen Optimisten. Sogar das Einkommensniveau meiner Klassenkameraden war speziell angepasst: wenn es in der Klasse einen Schüler aus einer sehr wohlhabenden Familie gab, gab es definitiv einen, dessen Eltern ein bescheideneres Einkommen hatten.

Ich konnte meinen Augen einfach nicht trauen! Alles in der Welt sieht so chaotisch aus, dass ein solches Verhältnis nicht real sein kann. Und so kam ich zur Normalverteilung von Gauß, die in einem der vorherigen Abschnitte beschrieben wurde:

(Der belgische Mathematiker Adolphe Quetelet führte eine groß angelegte Studie zu verschiedenen Parametern des menschlichen Körpers durch. Er maß zum Beispiel den Brustumfang von 5.738 schottischen Soldaten und die Körpergröße von 100.000 französischen Rekruten. Als er alle Messwerte grafisch darstellte, erhielt Quetelet eine glockenförmige Kurve, die wir heute als Normalverteilungskurve bezeichnen. Je mehr Daten er zu einem bestimmten Parameter hatte, desto deutlicher wurde diese Kurve. Nehmen wir zum Beispiel einen solchen Parameter wie die Körpergröße, so hat die absolute Mehrheit der Menschen ungefähr die gleiche Größe, und Abweichungen betreffen die Minderheit: Auf der linken Seite des Diagramms befinden sich sehr kleine Menschen, und auf der rechten Seite - sehr große Menschen.

Quetelet erstellte auch ähnliche Kurven für moralische Eigenschaften wie die Neigung zur Kriminalität, die intellektuellen Fähigkeiten und so weiter. Zu seiner Überraschung stellte er fest, dass alle menschlichen Eigenschaften dieser gleichen Normalkurve gehorchen.

Aber was wirklich erstaunlich ist, ist, dass Quetelet diese Kurve Mitte des 15. Jahrhunderts entdeckte, die Astronomen aus astronomischen Beobachtungen bekannt war. Wie kann es sein, dass astronomische, biologische und soziale Prozesse durch ein universelles Gesetz miteinander verbunden sind? Die Tatsache, dass die Verteilung der unterschiedlichsten Eigenschaften derselben Normalkurve gehorcht, ist an sich schon bemerkenswert. Aber das ist nicht genug. Sogar die Verteilung des durchschnittlichen Niveaus erfolgreicher Aufschläge in der Major Baseball League und die Rentabilität von Aktienindizes gehorchen der Normalverteilung.

Außerdem sollte man, wenn die Verteilung von der Normalkurve abweicht, in der Regel sorgfältig prüfen. Wenn sich zum Beispiel die Verteilung der Englischnoten in einer Schule von der Normalverteilung unterscheidet, sollte man die dort geltenden Benotungsregeln überprüfen.)

Als ich die Berechnungen durchführte, funktionierte dieses Gleichgewicht in einigen Klassen nicht. Zuerst dachte ich: "Warum ist das so, vielleicht waren all diese Berechnungen, die ich vorher gemacht habe, nur ein Zufall und überall ist es zufällig?" Und ich konnte nicht verstehen, warum in dieser Klasse zum Beispiel alle überdurchschnittlich groß waren und es kein Gleichgewicht gab.

Aber wie sich später herausstellte, waren im nächsten Jahr in derselben Klasse alle größtenteils unterdurchschnittlich groß. Und dann wurde mir klar, dass dieses Gleichgewicht im Laufe der Zeit funktioniert, diese Verteilung ist nicht statisch, sondern dynamisch, sie verändert und passt sich im Laufe der Zeit an und behält das Gesamtgleichgewicht bei.

Später, nach ein paar Jahren, begann ich mich für Wissenschaft zu interessieren und fand heraus, dass dies ein statistisches Phänomen ist, und ich bin nicht der Erste, der es bemerkt hat. Aber ich war nicht enttäuscht, ich war glücklich, weil ich nicht der einzige "Verrückte" bin, der sich solche Gleichgewichte ausgedacht hat, es ist eine statistische Tatsache.

Die Zukunft vorhersagen

Später, mit 14 Jahren, ging ich weiterhin zur Schule, beschäftigte mich mit alltäglichen Aktivitäten und zählte immer noch die Verhältnisse in den Tagen. Für mich war das nach so vielen Jahren zur Routine geworden, und die Berechnungen wurden automatisch durchgeführt.

Und in den nächsten Jahren bestätigte und validierte ich diese Theorie immer wieder. Jetzt werde ich Beispiele dafür geben, wie das geschah.

Zum Beispiel rechnete ich eines Tages und sah, dass der Tag sehr positiv verlaufen war, aber irgendwie schenkte ich dem keine Beachtung. Bei einem durchschnittlichen Wert von Punkten, wie ich bereits erwähnte, gibt es 25.000 Punkte an Emotionen pro Tag, und wenn man positive und negative zusammenzählt, kam es auf ungefähr +-1000 heraus, aber an diesem Tag kam es auf +8000 heraus, und am nächsten auf +6000, und am dritten auf +4000. Ich begann eine vage Angst zu verspüren, als ob etwas passieren müsste, um diese positiven Ausbrüche auszugleichen. Und dann, am vierten Tag, landete ich mit einer unerwarteten Blinddarmentzündung im Krankenhaus, und ich verbrachte die nächsten drei Tage dort, wo es schwierig war, sich auf die Berechnung von Emotionen zu konzentrieren, aber sie waren deutlich niedriger als ein paar Tausend. Das Gleichgewicht wurde wiederhergestellt, aber auf welch schmerzhafte Weise!

Der nächste Vorfall ereignete sich eines Tages, und ich begann mich in der Wohnung, in der ich wohnte, unwohl zu fühlen; ich hatte das Gefühl, nicht genug Platz zu haben. Jemand anderes an meiner Stelle hätte das einfach ignoriert, aber ich, der ich Emotionen erforsche, wollte das nicht verpassen. Wie konnte das aus dem Nichts passieren, dass ich mich plötzlich unwohl fühlte und ein Gefühl der Enge hatte? Und das dauerte 2 Jahre, was eine Menge ist, aber es endete damit, dass meine Familie in unser eigenes Haus zog, und dort war viel Platz, und ich fühlte mich frei. Und hier wurde das Gleichgewicht erreicht, was wiederum 2 Jahre dauerte. Und das Wichtigste ist, dass ich, als das anfing, keine Ahnung hatte, dass meine Familie in ein neues Haus ziehen könnte.

Das nächste Beispiel ist, als ich eine Freundin hatte und verliebt war - das sind starke Gefühle, Emotionen, die bei der Vorhersage sehr geholfen haben. Ich habe meine Freundin nicht jeden Tag gesehen, aber an den Tagen, an denen ich sie sehen sollte, bedeutete das, dass eine Menge Dopamin (und andere Glückshormone) ausgeschüttet werden würde, und in solchen Fällen musste das Gleichgewicht sehr klar sein. Und so kam es, dass an dem Tag, an dem wir uns sehen sollten, die ganze Welt gegen mich zu sein schien; ich lachte sogar über die Situationen, die mir zugeworfen wurden. An solchen Tagen fühlte ich mich so schlecht wie möglich, aber es gab ein Hauptdetail: Mir kamen Gedanken (speziell an dem Tag, an dem ich sie treffen sollte), dass meine Partnerin mich nervt und irritiert. Aber am selben Tag trafen wir uns, und ich war sehr glücklich, sie zu sehen. Aber an den Tagen, an denen wir uns nicht sahen, war alles neutral.

Und das Interessanteste ist, dass ich eines Tages wieder anfing, diese Wutgefühle gegenüber meiner Freundin aus dem Nichts zu empfinden, aber wir sollten uns an diesem Tag nicht treffen. Und ich dachte sofort: "Kommt sie heute wirklich zu mir, weil dieses Muster von Emotionen während unserer Treffen zu 100% aufgetreten ist?". Und was denken Sie, es ist tatsächlich passiert, sie kam ohne Vorwarnung zu mir, wie ich es vorhergesagt hatte. Diese Wut musste speziell deshalb auftreten, weil in der Zukunft Freude über die gemeinsame Zeit mit meiner Freundin entstehen sollte. Und dann wiederholte sich diese Situation jedes Mal, wenn wir uns trafen. Ich fühlte diese Emotion der Wut, ich wusste, dass sie mit nichts anderem vergleichbar war, und genau dieses Muster bedeutete zukünftige Freude über die gemeinsame Zeit mit meiner Freundin. Und auf diese Weise konnte ich, ohne irgendwelche Informationen zu haben, die Zukunft vorhersagen.

Aber wie können zukünftige Ereignisse die Vergangenheit beeinflussen? Nun, das ist einfach unmöglich! Oder ist es möglich, dass die Zeit nicht linear ist, wie wir es gewohnt sind zu denken, und dass es eine tiefere Wechselwirkung zwischen Vergangenheit, Gegenwart und Zukunft gibt? Könnte es sein, dass unsere Emotionen nicht nur chemische Reaktionen sind, sondern etwas mehr, etwas, das mit den fundamentalen Gesetzen des Universums verbunden ist?

Quantenverbindung

Diese Frage quälte mich zwei Jahre lang: Wie beeinflusst die Zukunft die Vergangenheit? Ich, der immer eine Erklärung für alles sucht, konnte es nicht einfach dabei belassen. Und dann stieß ich auf Experimente in der Quantenphysik mit verzögerter Wahl.

Dieses Experiment ist eine Variante des berühmten Doppelspaltexperiments, das die Welle-Teilchen-Dualität des Lichts demonstriert. Im klassischen Doppelspaltexperiment werden Photonen durch zwei schmale Schlitze geschickt, und auf dem dahinter liegenden Schirm wird ein Interferenzmuster beobachtet, das auf die Wellennatur des Lichts hinweist. Wenn wir aber versuchen festzustellen, durch welchen Schlitz jedes Photon gegangen ist, verschwindet das Interferenzmuster, und die Photonen verhalten sich wie Teilchen.

Im Experiment mit verzögerter Wahl fügen wir ein weiteres Element hinzu: einen Detektor, der ein- oder ausgeschaltet werden kann, nachdem das Photon die Schlitze passiert hat, aber bevor es den Schirm erreicht. Wenn der Detektor ausgeschaltet ist, beobachten wir ein Interferenzmuster, genau wie im klassischen Experiment. Ist der Detektor jedoch eingeschaltet, verschwindet das Interferenzmuster, auch wenn die Entscheidung, den Detektor einzuschalten, erst getroffen wurde, nachdem das Photon die Schlitze passiert hat.

Dies erweckt den Eindruck, dass unsere Wahl in der Gegenwart das Verhalten des Photons in der Vergangenheit beeinflusst, als ob das Photon im Voraus "weiß", ob der Detektor eingeschaltet wird, und entsprechend beschließt, sich als Welle oder als Teilchen zu verhalten.

Dieses Phänomen, bei dem zukünftige Ereignisse vergangene beeinflussen, wird als Retrokausalität bezeichnet. Es widerspricht unserem intuitiven Verständnis von Zeit als linearem Fluss von der Vergangenheit in die Zukunft. Einige Interpretationen der Quantenmechanik, wie die Viele-Welten-Interpretation oder die Transaktionsinterpretation, lassen die Möglichkeit der Retrokausalität zu.

Als ich von diesen Experimenten und Konzepten erfuhr, hatte ich das Gefühl, den Schlüssel zum Verständnis meiner Beobachtungen über das Gleichgewicht der Emotionen gefunden zu haben. Vielleicht ist dieses Gleichgewicht nicht nur ein statistisches Phänomen, sondern eine Manifestation eines tieferen Quantenmusters, das Vergangenheit, Gegenwart und Zukunft zu einem Ganzen verbindet. Vielleicht sind unsere Emotionen nicht nur Reaktionen auf äußere Ereignisse, sondern

Teil eines komplexen Quantentanzes, bei dem jeder Schritt die gesamte Choreografie beeinflusst.

Diese Entdeckung eröffnete mir neue Horizonte der Forschung und Reflexion. Ich begann, mich in die Quantenphysik zu vertiefen, verschiedene Interpretationen zu studieren und nach Verbindungen zwischen der Quantenwelt und der Welt unserer Emotionen zu suchen.

Das Paradox der Vorhersage

Ich dachte über verschiedene Möglichkeiten nach, dies zu erklären, sogar über das Konzept der Zeit, die in die entgegengesetzte Richtung fließt. Diese Idee, die auf den ersten Blick absurd erscheint, bietet eine interessante Perspektive auf die Kausalität und den Zusammenhang zwischen Ereignissen. Was wäre, wenn die Zukunft bereits existiert und wir uns einfach durch sie bewegen, wie wenn wir einen Film rückwärts sehen würden? Was wäre, wenn unsere Handlungen in der Gegenwart die Zukunft nicht erschaffen, sondern sie lediglich enthüllen, als ob wir einen bereits gelegten Weg entlanggehen würden?

Aber dann ereignete sich ein weiterer Vorfall, der mich zwang, meine Ansichten zu überdenken. Eines Abends war ich spazieren und fühlte ein Gefühl der Gefahr. Ich hatte solche Emotionen schon ein paar Mal erlebt und erinnerte mich an dieses Muster, und es bedeutete, dass dies nur der Anfang dieser negativen Emotion war. Mit anderen Worten, vielleicht haben Sie schon einmal die Erfahrung gemacht, dass Sie eine Vorahnung von etwas Schlechtem hatten, bevor etwas Schlechtes passiert ist? Ich denke, das haben Sie.

Aber ich erinnerte mich bereits daran, wie diese Emotion aussieht, dass in 100 % der Fälle etwas Schlimmes passieren wird. Deshalb wurde mir mit meiner Fähigkeit, die Zukunft vorherzusagen, klar, dass ich da raus musste. Und ich begann, eine andere Route zu gehen und bog von der Hauptstraße ab, weil ich Gefahr spürte. Und gerade weil ich vorhergesehen hatte, dass es gefährlich werden würde, und abbog, um ihr auszuweichen, traf ich auf nächtliche Hooligans. Hätte ich nicht vorhergesehen, dass etwas Schlimmes passieren würde, wäre ich weiter auf dieser Straße gegangen, und nichts wäre passiert.

Als ich leicht geschlagen nach Hause kam, konnte ich nicht begreifen, was für ein Paradoxon das war, wie es zu erklären war. Aber das brachte mich auf die Idee, dass unser Universum mathematisch ist. Um dies zu erklären, habe ich mir ein Konzept in Zahlen ausgedacht. Zum Beispiel bin ich im Universum die Zahl 100247, aber als ich die Vorhersage der Zukunft durch Emotionen erfand, wurde meine Zahl 101275, und ich interagiere bereits anders mit der Welt.

Um diese Ideen besser zu verstehen und zu visualisieren, begann ich, Diagramme zu zeichnen und zu versuchen, darzustellen, wie dieses mathematische Bild der Welt aussieht und welchen Platz ich darin einnehme.

Abbildung 6 zeigt einen typischen Durchschnitts Tag für mich, an dem die Emotionen nach den Berechnungen der Emotionen den ganzen Tag über fast symmetrisch sind. Diese fast perfekte Symmetrie kann durch subjektive Fehler bei der Bewertung von Emotionen erklärt werden, weshalb ich das Wort "fast symmetrisch" verwende. Im Allgemeinen ähnelt dieser Graph einer symmetrischen Welle.

Aber am wichtigsten ist, dass dieser Graph ein bestimmtes Muster demonstriert: In diesem mathematischen Modell des Universums müssen wir, so weit wir nach links abweichen (in Richtung negativer Emotionen), auch nach rechts abweichen (in Richtung positiver Emotionen). Dies wird auf dem Graphen für einen Tag dargestellt. Und wenn wir die gesamte Intensität dieser Welle über mehrere Monate hinweg betrachten, werden wir sehen, dass sich die Intensität dieser symmetrischen Welle als Ergebnis einer Normalverteilung annähert und die bekannte Glockenkurve bildet (Abbildung 7).

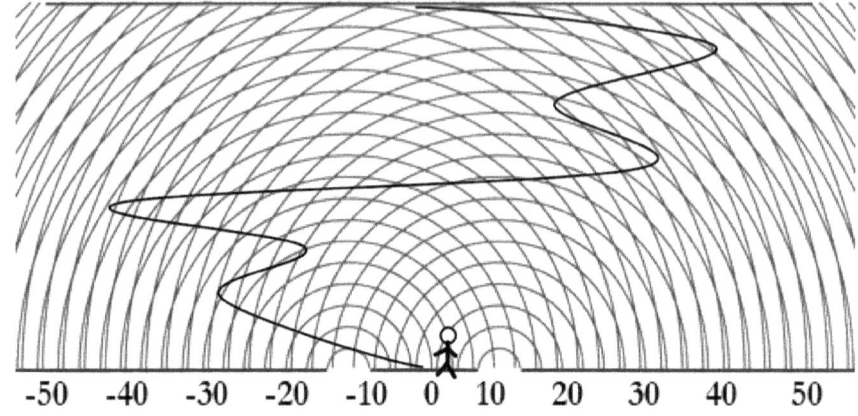

Abbildung 6. Das Bild zeigt eine grafische Darstellung meiner Theorie über das Gleichgewicht der Emotionen im Kontext eines mathematischen Universums. Wir sehen eine Reihe konzentrischer Kreise, die von einem zentralen Punkt ausgehen, an dem eine symbolische menschliche Figur steht. Diese Kreise können als Zeitrahmen oder Momente im Leben vorgestellt werden, die sich vom gegenwärtigen Moment in die Vergangenheit und Zukunft ausdehnen.

Die schwarze Wellenlinie, die durch diese Kreise verläuft, spiegelt die Schwankungen der emotionalen Intensität über einen bestimmten Zeitraum wider, zum Beispiel einen Tag. Die Spitzen der Welle symbolisieren positive Emotionen, und die Täler symbolisieren negative. Die fast symmetrische Form der Welle zeigt an, dass sich positive und negative Emotionen über diesen Zeitraum gegenseitig ausgleichen.

Die Hauptidee, die durch diese Grafik veranschaulicht wird, ist, dass wir uns, je weiter wir uns vom Zentrum in eine Richtung entfernen (zum Beispiel in Richtung starker positiver Emotionen), auch in die entgegengesetzte Richtung bewegen müssen (in Richtung starker negativer Emotionen), um das Gesamtgleichgewicht aufrechtzuerhalten. Dies zeigt deutlich das Prinzip der "Kompensation" von Emotionen, das ich in meinem eigenen Leben beobachtet habe.

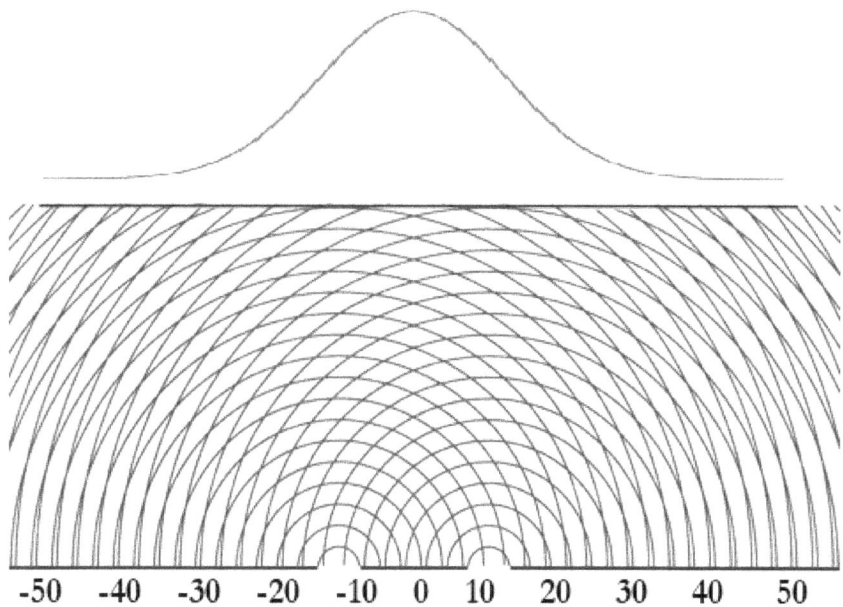

Abbildung 7. Wenn wir diese Grafik in einem breiteren Kontext betrachten, also nicht nur einen Tag, sondern einen längeren Zeitraum, wie zum Beispiel mehrere Monate, berücksichtigen, bildet die kumulative Intensität dieser emotionalen Wellen eine Kurve, die sich einer Normalverteilung (Gauß-Verteilung) annähert. Dies deutet darauf hin, dass, obwohl Emotionen über einen kurzen Zeitraum hinweg ziemlich stark schwanken können, sie auf lange Sicht zu einem gewissen Gleichgewicht tendieren, wobei die meisten Tage durch eine moderate emotionale Intensität gekennzeichnet sind und extreme emotionale Zustände seltener auftreten.

Von Emotionen zum Universum

Als ich Statistik-Lehrbücher studierte, sah ich, wie diese Verteilung auf viele Phänomene angewendet wurde – von den einfachsten, wie der Verteilung der Körpergröße in einer Bevölkerung, bis zu den grandiosesten, wie der Verteilung von Galaxien im Universum. Aber ich hatte noch nie gesehen, dass jemand sie auf Emotionen anwendet. Das ist nicht überraschend, denn solche Dinge zu berechnen ist ziemlich schwierig; Emotionen sind subjektiv und veränderlich. Sie hängen von vielen Faktoren ab: von unserem inneren Zustand bis zu äußeren Umständen, von chemischen Prozessen im Gehirn bis zu kulturellen und sozialen Normen. Es scheint, dass Emotionen der letzte Ort sind, an dem man ein mathematisches Muster erwarten würde.

Meine Beobachtungen und Berechnungen ließen mich jedoch fragen: Könnte nicht auch unsere gesamte vierdimensionale Raumzeit und die Materie darin nach dieser Normalverteilung verteilt sein? Denn wenn selbst so chaotische und unvorhersehbare Phänomene wie menschliche Emotionen eine Tendenz zu Gleichgewicht und Symmetrie zeigen, dann erstreckt sich dieses Prinzip vielleicht viel weiter, bis in das Gewebe der Realität.

Um erneut zu versuchen, die Natur des mathematischen Universums und seine Verbindung zu meinen Beobachtungen zu erklären, stellte ich das Gehirn als eine symmetrische Welle dar (Abb. 8), ähnlich denen, die wir in den vorherigen Grafiken sahen. In diesem Fall habe ich sie absichtlich flacher gemacht, um die Idee von Gleichgewicht und Ausgeglichenheit zu betonen.

Diese Visualisierung spiegelt meine Hypothese wider, dass das Gehirn selbst als eine Art Wellengenerator funktioniert, der mit der mathematischen Struktur des Universums resoniert. Diese Wellen wiederum erzeugen unsere emotionalen Zustände, die ebenfalls zu Gleichgewicht und Symmetrie tendieren, was sich in der Grafik als Normalverteilung widerspiegelt.

Somit ist (Abb. 8) ein Versuch, nicht nur die mathematische Natur von Emotionen darzustellen, sondern auch die tiefere Verbindung zwischen dem Gehirn und den fundamentalen Gesetzen des Universums sowie die Wellennatur des Raums.

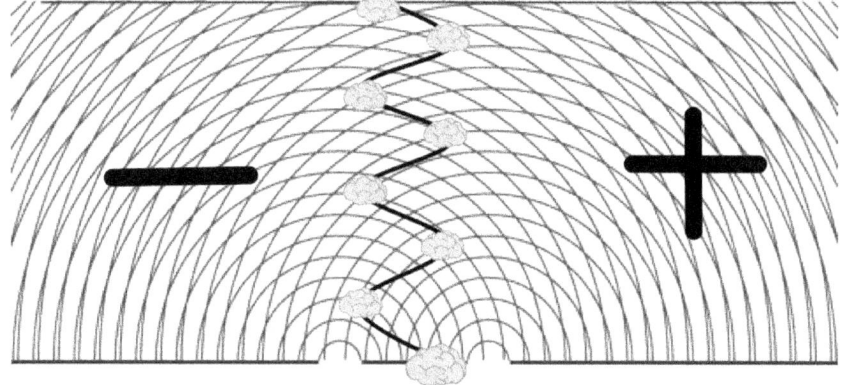

Abbildung 8. Diese Visualisierung betont die Rolle des Gehirns als eine Art "Regulator" des emotionalen Zustands. Das Gehirn schwingt wie ein Pendel zwischen positiven und negativen Erfahrungen und sorgt so für ein gewisses Gleichgewicht und Harmonie in unserem emotionalen Leben. Eine Abweichung nach links stellt einen Zustand negativer Emotionen dar, während eine Abweichung nach rechts positive Emotionen repräsentiert.

Das Bild deutet auch auf einen möglichen Zusammenhang zwischen der Gehirnaktivität und den fundamentalen Gesetzen des Universums hin, die nach Symmetrie und Gleichgewicht streben. Vielleicht ist unser Gehirn nicht nur ein biologisches Organ, sondern ein Werkzeug, das uns erlaubt, mit den tiefen mathematischen Strukturen der Realität zu interagieren.

Nach weiterem Überlegen erkannte ich jedoch, dass dies nicht ganz korrekt war, dass etwas fehlte, und so beschloss ich, das Konzept des Bildes zu ändern. Je mehr Experimente ich durchführte, desto mehr bemerkte ich, dass das Gehirn dieses Muster nicht selbst erzeugt, sondern vielmehr äußere Faktoren widerspiegelt, die es dazu bringen, sich auf eine bestimmte Weise zu fühlen.

Daher ist das Gehirn in der zweiten Version lediglich ein Beobachter der Welt, wie eine Nadel, die eine Schallplatte abspielt und die Realität enthüllt. Dieser Ansatz war meiner Meinung nach genauer, da, wie ich bereits erwähnte, äußere Faktoren sein Verhalten beeinflussten.

Zu dieser Schlussfolgerung kam ich während meiner Sommerpause vom College, als ich als Berater in einem Elektronikgeschäft arbeitete. Es war eine wertvolle Erfahrung, Geld zu verdienen und, was noch wichtiger ist, zu verstehen, wie das Universum funktioniert. Die Kunden, die mit mir interagierten, zeigten ebenfalls eine Art Gleichgewicht. Obwohl es schwierig war, Grafiken zu erstellen, glaube ich, dass es einer Normalverteilung folgte.

Die wichtigste Beobachtung war, dass immer dann, wenn ich auf außergewöhnlich freundliche Kunden traf, die einen bleibenden Eindruck ihrer Güte hinterließen, das Universum die Dinge auszugleichen schien, indem es einen unhöflichen Kunden schickte, der meine Stimmung verderben würde. Als ich dort arbeitete, war ich schockiert und kam zu dem Schluss, dass es eine Formel geben muss, die die Teilchen der Materie ausgleicht und zu ihrer präzisen Verteilung führt. Zum Beispiel würde ich nach einer herzerwärmenden Interaktion ihr Gegenteil erwarten, und es geschah immer; jemand musste es mit Negativität ausgleichen.

Dies führte mich zu der Überzeugung, dass jede einzelne Emotion, die wir erleben, nicht zufällig ist, sondern ein Ursache-Wirkungs-Phänomen, das entweder bereits ausgeglichen ist oder in Zukunft ausgeglichen sein wird, aber darauf werden wir später zurückkommen. Abbildung 9 veranschaulicht, wie die Außenwelt funktioniert, wobei das Gehirn als ein Spieler fungiert, der lediglich das Bild erzeugt. Wie ich in den vorherigen Abschnitten beschrieben habe, ist das Gehirn einfach ein Computer, der ein vereinfachtes Bild des Universums berechnet, das für sein Überleben notwendig ist.

Quantenphysik in der Makrowelt

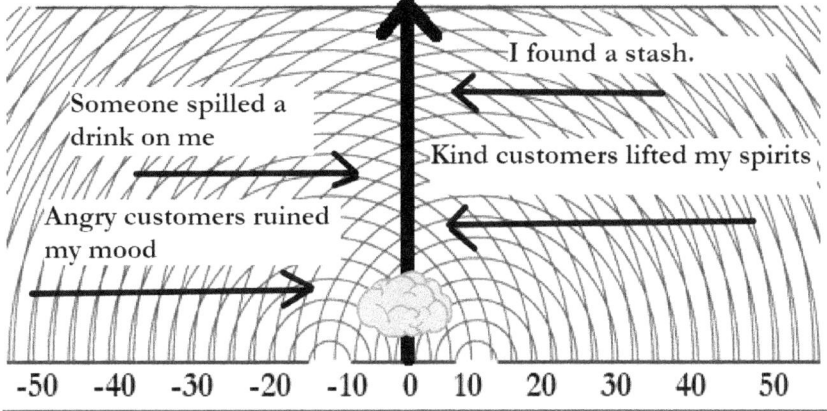

Abbildung 9. Veranschaulicht das Konzept, dass das Gehirn passiv äußere Ereignisse wahrnimmt, die seinen emotionalen Zustand beeinflussen. Positive Ereignisse (etwas finden, angenehme Kunden) werden durch Pfeile dargestellt, die nach rechts zeigen, zu positiven Werten auf der Skala, während negative Ereignisse (verschüttetes Getränk, unhöfliche Kunden) durch Pfeile dargestellt werden, die nach links zeigen, zu negativen Werten. Das Gehirn, in der Mitte dargestellt, reagiert auf diese externen Reize und bildet entsprechende emotionale Zustände.

Einheit der Wellennatur

Später begann ich zu verstehen, dass selbst dieses Konzept die Realität nicht vollständig widerspiegelte. Wenn man darüber nachdenkt, löst sich aus der Perspektive meiner Beobachtungen alles in Form einer Welle auf, und insgesamt nähert sich diese Welle einer Normalverteilung an. Aber sowohl das Gehirn als auch die Umwelt bestehen aus den gleichen Materialien, den gleichen Teilchen. Es ist logischer anzunehmen, dass das Bild der Welt wie meine beiden vorherigen Erklärungen kombiniert aussieht. Das heißt, nicht nur das Gehirn verhält sich wie eine Welle, sondern auch die gesamte umgebende Welt hat eine wellenartige Verteilung. Das Gehirn bewegt sich wie eine Welle, und die Welt bewegt sich wie eine Welle, und sie sind miteinander verflochten. Dies ist wahrscheinlich die beste Erklärung, die ich mir ausgedacht habe.

Mit anderen Worten, wenn Sie sich vorstellen, wie Sie und Ihr Freund interagieren, tauschen Sie Daten und Informationen aus, aber sowohl aus Ihrer als auch aus seiner Perspektive wird alles ausgeglichen sein, wie in Abbildung 10 dargestellt. Jeder von Ihnen wird ein Gleichgewicht der Emotionen erleben, auch wenn diese Emotionen unterschiedlich sind. Es ist, als würden sich zwei Wellen treffen und interagieren und ein neues, komplexeres Bild erzeugen, während die allgemeine Harmonie und das Gleichgewicht erhalten bleiben.

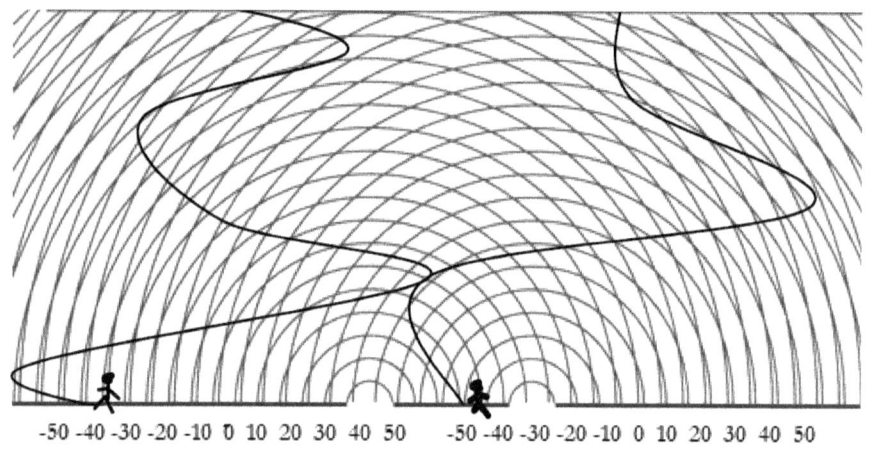

Abbildung 10. Diese Illustration verkörpert ein Schlüsselkonzept: Selbst in der dynamischen Welt sozialer Interaktionen besteht ein grundlegendes Gleichgewicht der emotionalen Erfahrung. Stellen Sie sich vor, die beiden Figuren im Bild repräsentieren Sie und einen Freund. Jeder von Ihnen besitzt eine einzigartige "Welle" des emotionalen Zustands, die zwischen positiven und negativen Erfahrungen oszilliert. Diese Wellen, die sich miteinander verflechten, beeinflussen sich gegenseitig und erzeugen komplexe Interaktionsmuster.

Doch selbst wenn sich Ihre emotionalen Zustände unter dem Einfluss der Kommunikation verändern, bleibt das Gesamtgleichgewicht konstant. Es ist, als hätte das Universum einen eingebauten Mechanismus, der nach Gleichgewicht strebt, ähnlich wie Materie im Raum gleichmäßig verteilt ist.

Selbst wenn Sie und Ihr Freund also in einem bestimmten Moment unterschiedliche Emotionen erleben, bleibt die Gesamt"summe" Ihrer emotionalen Erfahrung ausgeglichen. Dies unterstreicht die Idee, dass jede Emotion, die wir fühlen, Teil eines größeren Bildes ist, in dem positive und negative Erfahrungen immer zur Harmonie tendieren.

Es muss also eine Formel geben, die dieses universelle Gleichgewicht beschreibt. Ob es sich nun um die Formel der Normalverteilung handelt oder vielleicht um die Schrödinger-Wellenfunktion, die der Quantenmechanik zugrunde liegt. Schauen Sie sich Abbildung 11 an, sind sie nicht ähnlich? Oder vielleicht sind diese beiden Konzepte Manifestationen desselben fundamentalen Prinzips? Denn wenn man sich die Strukturen, die wir beobachten, genau ansieht - ob es nun die Verteilung von Emotionen, die Interaktion zwischen Menschen oder sogar die Verteilung von Materie im Universum ist - sie alle zeigen ähnliche Muster, eine ähnliche Tendenz zu Symmetrie und Gleichgewicht.

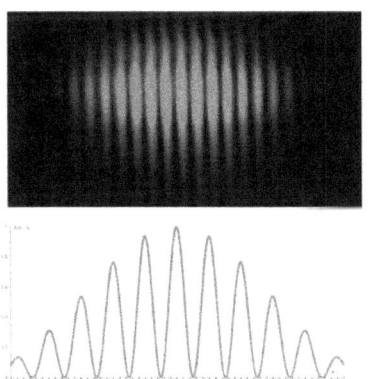 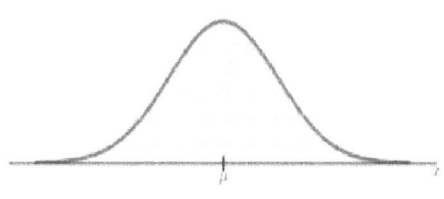

Abbildung 11. Das Bild kombiniert ein Interferenzmuster, eine Wellenfunktion und eine Normalverteilung. Obwohl sie unterschiedlich aussehen, beziehen sich alle drei auf Wahrscheinlichkeit. Die Normalverteilung und das Quadrat der Wellenfunktion beschreiben, wie wahrscheinlich die Werte oder Orte eines Teilchens verteilt sind. Beide haben eine zentrale Tendenz. In der Quantenmechanik haben

Wellenpakete oft Wahrscheinlichkeitsverteilungen, die der Normalverteilung ähneln. Obwohl sie unterschiedliche mathematische Grundlagen haben, weist die Verbindung durch Wahrscheinlichkeit und die Ähnlichkeit in einigen Fällen auf eine tiefere Beziehung hin.

Dieses Buch trägt zu Recht den Titel "Quantenphysik in der Makrowelt". Meine Beobachtungen und Überlegungen führen mich zu einer kühnen Hypothese: Könnten diese Muster, diese universelle Harmonie, eine Manifestation von Quantengesetzen auf makroskopischer Ebene sein?

Nach meiner Hypothese verliert die traditionelle Kopenhagener Interpretation der Quantenmechanik mit ihrem Prinzip der Unsicherheit und Zufälligkeit ihre Relevanz. Es war mir immer schwer vorstellbar, wie ein Teilchen an allen Orten gleichzeitig sein kann und einer gewissen natürlichen Zufälligkeit entspricht.

Stattdessen erscheint mir die De-Broglie-Bohm-Interpretation mit ihrer Idee einer "Pilotwelle", die die Bewegung von Teilchen leitet (Abb. 12), plausibler. Sie bietet eine deterministische und realistische Sicht der Quantenwelt, in der alles bestimmten Gesetzen und Formeln unterliegt, auch wenn wir sie nicht immer direkt beobachten können.

Diese Interpretation steht im Einklang mit meinen Beobachtungen über Gleichgewicht und Symmetrie in der Welt der Emotionen und Ereignisse. Sie erlaubt uns anzunehmen, dass es eine Art "versteckte" Wellenfunktion gibt, die die Verteilung von Materie und Energie im Universum regelt und seine allgemeine Harmonie und sein Gleichgewicht gewährleistet. Und vielleicht sind unsere Emotionen, unsere Erfahrungen, nur eine der Manifestationen dieser tiefen Quantenrealität, die unsere gesamte Welt durchdringt. Und mit Hilfe dieses seltsamen Werkzeugs wie Emotionen, das wir nicht erklären können, könnten wir es nutzen, um die Natur der Welt zu erforschen.

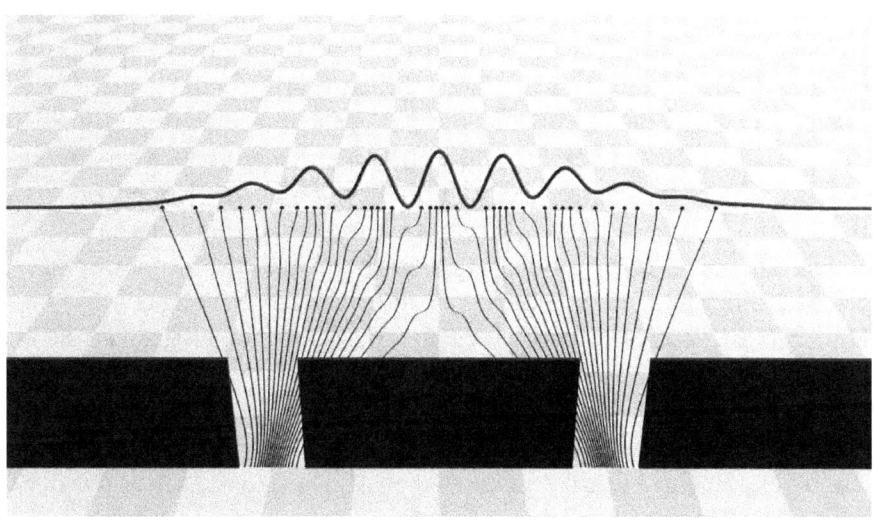

Abbildung 12. Das Bild zeigt ein Schlüsselkonzept der De-Broglie-Bohm-Interpretation der Quantenmechanik, bei der Teilchen (dargestellt durch schwarze Linien) definierte Trajektorien haben, die von einer Wellenfunktion (dargestellt als blaue Welle) geleitet werden. Dies steht im Gegensatz zur traditionellen Kopenhagener Interpretation, die behauptet, dass Teilchen keine definierten Positionen haben, bis sie gemessen werden.

Trotz der Attraktivität der De-Broglie-Bohm-Interpretation ist sie jedoch nicht ohne Probleme und Einschränkungen. Eines der Hauptprobleme dieser Interpretation liegt in ihrer Nichtlokalität. Das bedeutet, dass Ereignisse in einem Teil des Universums augenblicklich Ereignisse in einem anderen Teil beeinflussen können, unabhängig von der Entfernung zwischen ihnen. Eine solche sofortige Übertragung von Informationen widerspricht den Prinzipien der speziellen Relativitätstheorie, die besagt, dass kein Signal schneller als das Licht reisen kann.

Enttäuschung mit der Utopie

Mit 18 Jahren begann ich erneut, den ganzen Tag über Forschungen zu emotionalen Zuständen durchzuführen. Die Forschung dauerte 2 Monate. Die Berichtstabellen habe ich in meinem vorherigen Buch -

"Jenseits der Realität: Das mathematische Universum, das Bewusstsein und die Illusion der Raumzeit" - ausführlich besprochen. Hier halte ich es nicht für angebracht, Tabellen mit der Forschung einzufügen, aber ich habe diese Forschung durchgeführt, um einen Artikel zu schreiben, den ich "Neuronale Harmonie" nannte. Danach reichte ich ihn zur Begutachtung ein und erhielt, aus offensichtlichen Gründen, Ablehnungen. Aber das ist nicht überraschend, denn es ist schwer zu glauben. Aber in diesem Buch, denke ich, habe ich genügend Hintergrund für diese Hypothese geliefert, so dass ich hoffe, dass sie in diesem Zusammenhang weniger seltsam aussehen wird.

Aber noch einmal, wenn wir uns einen solchen Graphen ansehen, den ich in vereinfachter Form erhalten habe (Abb. 13), dann sehen wir nur, dass das Gefühl von Emotionen nicht nur ins Positive oder Negative gehen kann, sondern von dort nach dort oszilliert. Ich war sehr enttäuscht, weil ich zu dem Schluss kam: Je angenehmer ich mein Leben gestaltete, desto größer waren die Wellen. Das heißt, je mehr leckeres Essen ich aß, je mehr ich mich ausruhte, je mehr ich angenehme Momente genoss, desto mehr negative Emotionen fühlte ich danach - Traurigkeit, Apathie und manchmal sogar Depression. Es war wie eine unsichtbare Hand, die das Pendel meiner Emotionen in die entgegengesetzte Richtung drehte und es nicht zuließ, lange in einem Zustand der Glückseligkeit zu verweilen.

Diese Entdeckung war ein echter Schlag für mich. Sie zerstörte meine Kindheitsträume von einem idealen Leben, von einer Welt, in der nur Glück und Freude herrschen. Mir wurde klar, dass das Streben nach Utopie ein vergebliches Unterfangen ist, denn das Leben wird uns immer wieder Herausforderungen, Schmerz und Enttäuschungen bescheren, um unsere positiven Erfahrungen auszugleichen.

Diese Erkenntnis brachte einen bitteren Geschmack von Fatalismus mit sich. Wenn wir negative Emotionen nicht vermeiden können, lohnt es sich dann überhaupt, nach Glück zu streben? Ist es nicht besser, einfach die Unvermeidlichkeit des Leidens zu akzeptieren und zu leben, ohne auf das Beste zu hoffen?

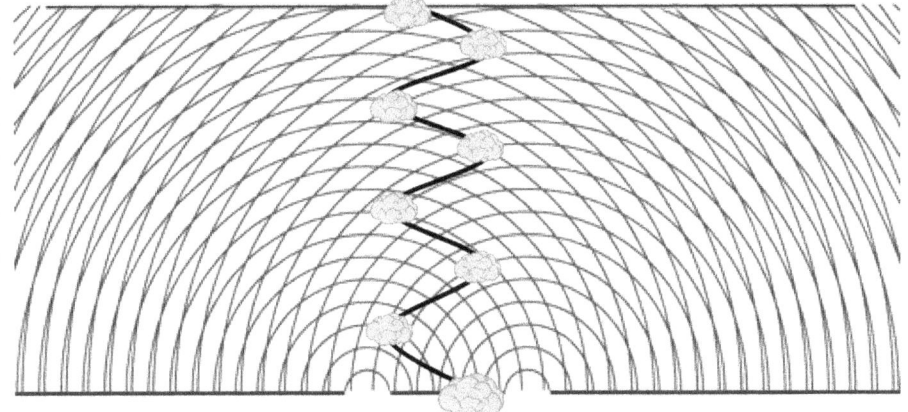

Abbildung 13. Diese Visualisierung betont die Rolle des Gehirns als eine Art "Regulator" des emotionalen Zustands. Das Gehirn schwingt wie ein Pendel zwischen positiven und negativen Erfahrungen und sorgt so für ein gewisses Gleichgewicht und Harmonie in unserem emotionalen Leben. Eine Abweichung nach links stellt einen Zustand negativer Emotionen dar, während eine Abweichung nach rechts positive Emotionen repräsentiert.

Das Bild deutet auch auf einen möglichen Zusammenhang zwischen der Gehirnaktivität und den fundamentalen Gesetzen des Universums hin, die nach Symmetrie und Gleichgewicht streben. Vielleicht ist unser Gehirn nicht nur ein biologisches Organ, sondern ein Werkzeug, das uns erlaubt, mit den tiefen mathematischen Strukturen der Realität zu interagieren.

Stellt das "Mausparadies" eine Bedrohung für die Menschheit dar?

Heutzutage, trotz aller sozialen und politischen Probleme, lebt die Menschheit besser denn je. Natürlich kann unsere Welt nicht als Paradies oder Utopie bezeichnet werden, aber dennoch, wenn wir sie mit allen früheren Epochen vergleichen, hat der moderne Durchschnittsmensch Zugang zu unvergleichlich mehr Ressourcen als vor 100-200 oder 1000 Jahren. Günstige Lebensmittel und Medikamente haben dazu geführt, dass sich die Bevölkerung des

Planeten im letzten Jahrhundert von zwei auf acht Milliarden vervierfacht hat. Es scheint, dass dies von unserem unglaublichen Erfolg als Spezies spricht, aber viele sind von diesem Zustand erschreckt.

Die Fantasie zeichnet sofort mehrere mögliche Probleme. Was ist, wenn es so viele Menschen gibt, dass die Ressourcen auf der Erde nicht für alle ausreichen? Sollten wir neue globale Konflikte einfach um Nahrung und Wasser erwarten? Und wenn es genügend Ressourcen gibt, wie gut ist der Mensch an ein Leben im Überfluss angepasst? Wird die Zivilisation beginnen, sich rapide zu verschlechtern? Schließlich gibt es eine bekannte Tatsache: In den letzten 3000 Jahren hat sich die durchschnittliche Gehirngröße um 250 g verringert. Nach der populärsten wissenschaftlichen Erklärung geschah dies gerade wegen der Entwicklung der Zivilisation: Die Notwendigkeit, alle notwendigen Fähigkeiten zum Überleben in der Wildnis zu behalten, verschwand, es genügt, einen Beruf zu beherrschen und den Rest an andere zu delegieren. Das heißt, der Grund ist die Arbeitsteilung. Was bedeutet das also? Begann die Menschheit mit dem Erscheinen der ersten Staaten zu degenerieren?

Ein weiterer möglicher Grund ist die Überbevölkerung des Planeten. Bereits im 19. Jahrhundert berechnete Thomas Malthus, dass die Zahl der Menschen exponentiell wächst, während Nahrung und andere notwendige Ressourcen arithmetisch wachsen. Wenn sich dieser Trend fortsetzt, wird es zwangsläufig irgendwo zu einer sozialen und wirtschaftlichen Katastrophe kommen. Dieses hypothetische Phänomen hat sogar einen Begriff: die Malthusianische Falle. Und tatsächlich sind in der Vergangenheit die verschiedensten Gesellschaften regelmäßig hineingefallen. Im 19. Jahrhundert bildete Malthus' Theorie die Grundlage vieler ökonomischer Theorien, aber dann geriet sie in Vergessenheit...

Offensichtlich nimmt die Zahl der Menschen auf der Erde in einem unglaublichen Tempo zu. Die Angst vor einer unvermeidlichen und irreversiblen Katastrophe ist Teil der Popkultur geworden. Diese beiden multidirektionalen Ängste - Überbevölkerung und der Schaden der Zivilisation - vereinigten sich im berühmten Experiment

"Universum 25". Es wurde in den späten sechziger Jahren vom amerikanischen Ethologen John Calhoun durchgeführt. Er beschloss zu sehen, wie sich eine Mäusekolonie unter Bedingungen des absoluten Überflusses und der Abwesenheit von Raubtieren verhalten würde. Es scheint, dass sich die Nagetiere in einem solchen Paradies wie verrückt vermehren und vermehren sollten, aber fast sofort ging etwas schief. Die Mäuse verhielten sich seltsam, weigerten sich, sich zu paaren, litten an Unfruchtbarkeit und starben schließlich aus.

Das Ergebnis ist, sagen wir mal, erschreckend. Die Menschen hatten zuvor vermutet, dass die Ära des Konsums zu einer Katastrophe führen könnte, aber sie sagten ihren Beginn aufgrund eines Mangels an Ressourcen voraus. Und hier stellte sich heraus, dass alles andersherum ist: Absoluter Überfluss führte zum Aussterben, als ob einige Mechanismen in die Natur selbst eingebettet wären, die zur Degeneration der Art führen, wenn die Umwelt zu günstig wird. Die Öffentlichkeit erfuhr schnell von dem Experiment, und es schlug ein! Schriftsteller, Comicautoren und Musiker malten fantastische Welten, die auf den Schlussfolgerungen von "Universum 25" basierten. Der Autor von "Judge Dredd" gab zu, dass er die Inspiration für die Schaffung seiner Dystopie in Calhouns Forschung fand. Sie sangen, schrieben und zeichneten Cartoons über den tragischen Tod des Mausparadieses. Auf der Grundlage der Schlussfolgerungen des Experiments wurden Wirtschaftstheorien aufgebaut und der Tod der gesamten Menschheit vorhergesagt.

Schauen wir uns also einmal genauer an, wie das Mausparadies eingerichtet war. Kurz gesagt, in einer populären Darstellung klingen die Schlussfolgerungen des Experiments etwa so: Die Aussterbephase der Kolonie bestand aus zwei Stufen - dem ersten Tod und dem zweiten Tod. Zuerst verloren die Mäuse ihren Sinn im Leben, der über die einfache Existenz hinausgehen würde. Sie wollten sich nicht paaren, keine Nachkommen aufziehen oder um eine Rolle in der Gesellschaft kämpfen. Darauf folgte das physische Verschwinden: Die Kindersterblichkeit erreichte 100%, die Fortpflanzung tendierte gegen Null, homosexuelles Verhalten und Kannibalismus blühten auf. Trotz der Tatsache, dass es für alle genug normales Futter gab, weigerte sich mit jeder Generation ein zunehmender Anteil der Mäuse zu kämpfen und konzentrierte sich auf das persönliche Wohlbefinden.

John Calhoun hatte sich seit seiner Studienzeit für Ethologie und das Verhalten von Nagetieren interessiert. Er versuchte regelmäßig, Ratten und Mäuse unter interessante Bedingungen zu bringen, um zu sehen, wie sie sich verhalten würden. Sein erstes Labor befand sich in einer Art Scheune, die wegen des Gestanks von Hunderten von Tieren nur schwer zu betreten war. Aber die wissenschaftliche Leitung unterstützte Calhouns Experimente, sie schienen eine vielversprechende Richtung zu sein. Daher wurde ihm in den späten sechziger Jahren ein großes Stück Land zugeteilt, auf dem er dasselbe berühmte Experiment durchführte. Übrigens, warum "Universum 25"? Woher kommt überhaupt die Zahl 25? Hier gibt es nichts Geheimnisvolles, es ist nur die Seriennummer des Experiments. Das heißt, es war Calhouns fünfundzwanzigster Versuch, die Mäusegesellschaft zu studieren.

"Universum 25" war ein quadratisches Gehege mit Seiten von 2,5 m und einer Wandhöhe von 1 m 37 cm. Von oben war der Umfang der Wände aus verzinktem Stahl, so dass keine Maus aus diesem Paradies entkommen konnte. Außerdem wurde jede Wand in vier Segmente mit jeweils vier Tunneln unterteilt, und in jedem Tunnel gab es vier Nester, in denen 15 Mäuse ruhig schlüpfen konnten. Wenn man das alles zusammenzählt, ergibt sich, dass die Anzahl der Nester für 256 Weibchen ausgelegt war, die gleichzeitig fast 4.000 Junge gebären konnten. Futter- und Trinkstellen waren so angeordnet, dass 6144 Mäuse gleichzeitig fressen und 9500 trinken konnten. Im Allgemeinen, leben und sich freuen! Als das Gebäude fertig war, ließ Calhoun acht Individuen in diesen Garten Eden: vier Weibchen und vier Männchen, und begann zu beobachten, was sie tun würden.

Auf den ersten Nachwuchs musste man ungewöhnlich lange warten, aber dann wuchs die Zahl der Mäuse rapide an: Die Population verdoppelte sich alle 55 Tage. Aber am 315. Tag des Experiments, als bereits 620 Mäuse in der Kolonie lebten, sank die Reproduktionsrate stark. An ihrem Höchststand erreichte die Populationsgröße 2200 Individuen, und dann begann ein langsamer Rückgang. Und das, obwohl theoretisch genug Platz für ein komfortables Leben einer fast dreimal so großen Kolonie vorhanden war! Gleichzeitig bemerkte Calhoun eine seltsame Sache: Junge Weibchen mit Jungen stopften sich in viel größerer Zahl in die Nester, als für die sie ausgelegt waren, obwohl gleichzeitig 20% der Nester leer blieben. Am sechshundertsten Tag des Experiments wurde der letzte überlebende Nachwuchs geboren. Zu diesem Zeitpunkt geschah etwas völlig Seltsames: Die soziale Struktur und das gewohnte Sozialverhalten der Mäuse brachen zusammen. Sie wurden sehr aggressiv gegenüber einander, sogar die Weibchen. Junge Männchen wurden in die Mitte des Raumes getrieben. Einige verbrachten ihre ganze Freizeit damit, dominante Männchen anzugreifen und zu versuchen, zu den Weibchen durchzudringen, während andere sich einfach ihrem Schicksal ergaben und überhaupt nichts taten.

Später tauchten "Schöne Männchen" auf, die nur aßen, tranken und sich um sich selbst kümmerten, sie waren an nichts anderem mehr interessiert.

Calhoun begann sich für diesen neuen Maustyp zu interessieren. Er nahm mehrere Individuen und verpflanzte sie in ein anderes Gehege, wo es viele Weibchen gab, die nicht erbittert kämpfen mussten. Ich wollte sehen, ob ihr normales Sozialverhalten wiederhergestellt werden würde. Aber nein, und unter den neuen Bedingungen blieben die "Schönen" allem gegenüber gleichgültig.

Am 920. Tag begann der langsame Tod der Kolonie: Von diesem Moment an wurde kein einziges Weibchen mehr schwanger. Als das Experiment 1000 Tage dauerte, beschloss Calhoun, es abzubrechen. Nur 122 Mäuse blieben im Mausparadies zurück, und alle waren bereits im fortpflanzungsunfähigen Alter. Das bedeutet, dass die Kolonie ohnehin unweigerlich sterben würde.

Am 920. Tag begann der langsame Tod der Kolonie: Von diesem Moment an wurde kein einziges Weibchen mehr schwanger. Als das Experiment 1000 Tage dauerte, beschloss Calhoun, es abzubrechen. Nur 122 Mäuse blieben im Mausparadies zurück, und alle waren bereits im fortpflanzungsunfähigen Alter. Das bedeutet, dass die Kolonie ohnehin unweigerlich sterben würde.

Kurz gesagt, das Experiment erwies sich als erstaunlich. Es ist leicht zu verstehen, warum es eine große Anzahl von Menschen zu den kosmischsten Schlussfolgerungen über die Natur der Zivilisation inspirierte. Außerdem scheute sich Calhoun selbst nicht, Parallelen zwischen Mäusen und der Menschheit zu ziehen. Und die Schlussfolgerung daraus lag auf der Hand: Wenn die Gesellschaft zu gut lebt, dann wird diese Gesellschaft bald Probleme haben. Aber ist diese Schlussfolgerung wirklich gerechtfertigt?

Das Paradox des Komforts

Ich habe dieses Beispiel als Bestätigung meiner Theorie verwendet, dass je besser das Leben wurde, desto schlimmer die Konsequenzen wurden. Im Falle dieser Mäuse sollte ihr Verhalten katastrophal sein, da diese Bedingungen mit Nahrung, die nicht beschafft werden muss, und dem Rest der benötigten Ressourcen eine große Abweichung nach rechts auf dem Graphen verursachen. Und so, um das Gleichgewicht zu halten, weicht diese Welle auch nach links ab und zwingt sie, sich schrecklich zu verhalten und absichtlich Probleme zu schaffen.

Eine solche Analogie sah ich bereits in den Tagen von COVID-19, als alle zu Hause blieben, nicht zur Arbeit gingen und komfortable Lebensbedingungen hatten, was sich hätte ausgleichen müssen. Zahlreiche Studien weisen auf einen deutlichen Anstieg des Depressionsniveaus während der Pandemie hin. Einigen Schätzungen zufolge hat sich diese Zahl im Vergleich zur Zeit vor der Pandemie um das 2- bis 3-Fache erhöht. Und genau zu dieser Zeit gab es viele Scheidungen und häusliche Gewalt.

Danach begann ich, dieses Phänomen eingehender zu untersuchen, und kam zu dem Schluss, dass Menschen, wenn sie natürlich lebten, d. h. in Stämmen und auf die Jagd gingen, keine Depressionen oder ähnliches haben konnten. Denn der menschliche Körper hat sich speziell dafür entwickelt, dass zum Beispiel der Graph nach links für diese Menschen einfach auf die Jagd ging oder einfach nur ihr eigenes Ding für das Leben machte, und wie ich bereits festgestellt habe, zählt auch körperliche Arbeit als negative Emotionen. Daher gab es auf dem Graphen solcher Menschen keine starken Abweichungen nach links oder rechts, alles war ausgeglichen, und sie hatten keinen Anflug von Depression oder Angst.

Haben Sie schon einmal ein Video gesehen, wie alles auf Zellebene im Körper funktioniert, wie Ribosomen, das endoplasmatische Retikulum, der Golgi-Apparat alle perfekt funktionieren, wie ein Uhrwerk? Als ich das zum ersten Mal sah, konnte ich nicht glauben, dass es solche Dinge im menschlichen Körper gibt. Und meiner Meinung nach, wenn im Leben alles so ausgeglichen ist, dann sollte es auf der Ebene der Emotionen bei Menschen gewesen sein, die natürlich lebten.

Die ersten Erwähnungen von Depressionen und etwas Ähnlichem in der Geschichte werden bei Königen und Adligen erwähnt, was einmal mehr beweist, dass dies eine Manifestation von höherem Komfort ist.

Und bei einer solchen Wellenbewegung von allem im Raum, mit diesen gleichen Abweichungen, stellt sich heraus, dass alle Menschen auf der Erde gleich sind: Niemand erhält mehr oder weniger, sondern alle gleichermaßen. Daher gibt es in diesem Fall immer noch eine gewisse Gerechtigkeit auf dieser Welt. Dies könnte auch erklären, warum übermäßiger Reichtum oder Macht oft zu Unglück und Problemen führt.

Mit solchen Forschungsergebnissen begann ich, im Internet nach Informationen darüber zu suchen. Zum Beispiel, wie das Gehirn während der MRT, neurophysiologischen Studien getestet wurde. Aber ich fand nicht die Experimente, die ich brauchte, weil es Studien für einen kurzen Zeitraum gab. Das einzige, was mir auffiel, war eine Studie über die Gehirnaktivität von Drogenabhängigen während des Drogenkonsums und davor und danach. In solchen Intervallen entstehen solche Grafiken, aber es ist tatsächlich schwierig, sich in diesen Studien zurechtzufinden, um eine solche Schlussfolgerung zu ziehen.

Aus evolutionärer Sicht habe ich eine sehr kühne Annahme gemacht, dass Hormone als Moleküle, die Emotionen erzeugen, mit den fundamentalen Kräften der Natur verbunden sein könnten, wie der starken Wechselwirkung, die durch die Quantenfeldtheorie beschrieben wird. Zum Beispiel kann das Hormon Dopamin, das für das Gefühl der Freude verantwortlich ist, eine besonders starke Erregung bestimmter Felder im Gehirn verursachen, die sich vom Einfluss anderer Moleküle unterscheidet. Der Organismus nutzt diese Eigenschaft evolutionär, um Verhaltensweisen zu verstärken, die das Überleben und die Fortpflanzung fördern.

So können Emotionen, die durch Hormone verursacht werden, nicht nur subjektive Erfahrungen sein, sondern auch eine Manifestation tiefer physikalischer Prozesse, die die Evolution lebender Organismen beeinflussen.

Der Balance-Lifehack

Aber ich habe immer noch herausgefunden, wie man das Gleichgewicht der Emotionen gut nutzen kann. Die Antwort auf diese Frage ist Sport. Als ich anfing, Sport zu treiben, nahm mir diese negative körperliche Arbeit alle Sorgen aus meinem Leben. Ich fühlte, wie sich meine Emotionen ausglichen und mein Geist klarer wurde. Es war, als würde ich meinen Lebensgraphen manuell nach links verschieben und so übermäßigen Komfort und Wohlbefinden kompensieren.

Sport ist für mich nicht nur eine Möglichkeit, meine körperliche Form zu erhalten, sondern auch ein Instrument, um emotionales Gleichgewicht zu erreichen. Er half mir, mit Stress, Angst und Depressionen umzugehen, die zuvor regelmäßig in meinem Leben auftraten. Dank des Sports hatte ich das Gefühl, wieder die Kontrolle über mein Leben zu haben, Schwierigkeiten überwinden und meine Ziele erreichen zu können.

Diese Entdeckung inspirierte mich zu weiteren Forschungen. Ich begann, die Auswirkungen von Sport auf die psychische Gesundheit eines Menschen zu untersuchen und fand viele Beweise für meine Theorie. Es stellte sich heraus, dass körperliche Aktivität die Produktion von Endorphinen stimuliert - Glückshormonen, die helfen, Depressionen zu bekämpfen und die Stimmung zu verbessern. Darüber hinaus hilft Sport, den Spiegel von Cortisol - dem Stresshormon - zu senken, was sich auch positiv auf den emotionalen Zustand auswirkt.

Und was schließen wir daraus? Und die Tatsache, dass das Leben, alles um uns herum, perfekt ausgeglichen ist, und man die Zukunft aufgrund seiner Beobachtungen des Phänomens der Emotionen vorhersagen kann. Bis zu einem gewissen Grad, ja. Aber ich ging noch weiter. Sie fragen: "Nun, wo noch hin? Sie haben beschrieben, wie man die Zukunft vorhersagen kann." Aber es gibt noch ein Detail.

Gleichgewicht in allem

Zurück zu meinen Schuljahren, als ich vierzehn war, erinnere ich mich an eine Zeit besonderer Aktivität und Neugierde. Das Gehirn arbeitete mit voller Kapazität, und damals habe ich die meisten Forschungen betrieben.

Angefangen hat alles mit gewöhnlichen Schultagen. Mir fiel auf, dass mein Tischnachbar mich unweigerlich ablenken würde, wenn ich mich auf den Unterricht konzentrierte. Aber sobald er sich selbst in sein Studium vertiefte, verlor ich die Konzentration. Dieses Muster wiederholte sich immer und immer wieder, und ich begann mich zu fragen: War es nur ein Zufall oder etwas mehr?

Mit der Zeit begann ich, ähnliche Phänomene in anderen Bereichen des Lebens zu bemerken. In Gruppendiskussionen, wenn jemand leidenschaftlich seine Idee verteidigte, gab es immer jemanden, der kategorisch dagegen war. Es schien, als strebe das Universum nicht nur auf der Ebene der Emotionen einer Person nach Gleichgewicht, sondern auch in der Interaktion zwischen Menschen (Abb. 14).

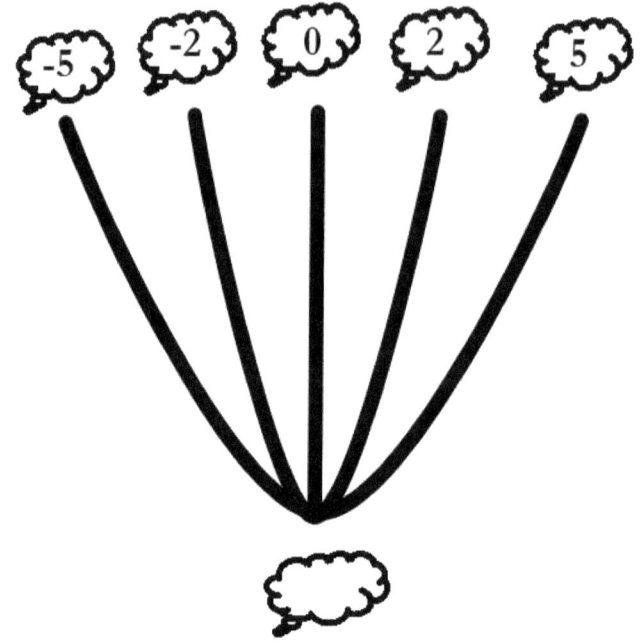

Abbildung 14. Zeigt, wie eine Idee im Raum, während eines Gesprächs, ein gleiches Verhältnis zwischen denen erzeugt, die sie unterstützen werden, und denen, die sie ablehnen werden. Sie wird mit Punkten von -5 (kategorisch dagegen) bis 5 (kategorisch dafür) dargestellt.

Diese Idee faszinierte mich. Ich begann zu experimentieren, indem ich versuchte, die emotionalen Zustände anderer Menschen basierend auf meinen eigenen Gefühlen vorherzusagen. Es schien unglaublich, aber es funktionierte oft!

Um sicherzustellen, dass ich nicht den Bezug zur Realität verlor, teilte ich meine Beobachtungen mit einem Freund. Er war skeptisch, stimmte aber zu, ein Experiment durchzuführen. Ich erklärte ihm: "Zum Beispiel, wenn du zu Hause sitzt und Computerspiele spielst, wirst du Spaß haben und interessiert sein, und sagen wir, du wirst etwa 2

Stunden spielen. Bevor du anfängst zu spielen, beobachte, was vorher und nachher passiert, ob es ein Gleichgewicht geben wird oder ob du wütend sein wirst oder so etwas."

Ein paar Wochen später sagte mein Freund: "Es scheint tatsächlich zu funktionieren, genau wie du gesagt hast. Ich habe dieses Gleichgewicht schon viele Male erlebt." Und er beschloss, Aufzeichnungen zu führen, wie ich es in einem Notizbuch tat, aber er benutzte meine sozialen Medien als Notizbuch, das heißt, er machte seine Einträge in unserem Chat. Und eines Tages bemerkte ich, dass ich überrascht war, als er mir Berichte darüber schickte, wie er sich fühlte: Es stellte sich heraus, dass ich genau das Gegenteil fühlte. Nun, das ist noch absurder, wie kann das sein?

Zuerst glaubte ich es nicht, und wir beschlossen, weiterzumachen und unsere emotionalen Zustände miteinander zu teilen. Wir entwickelten ein Bewertungssystem von -5 bis 5 Punkten, und wenn einer von uns eine Emotion fühlte, schrieben wir sofort seine Bewertung in den Chat, um zu überprüfen, ob es wahr war. Und so begannen wir das Experiment, und es stellte sich heraus, dass er traurig war, wenn ich glücklich war, und umgekehrt, und die Übereinstimmung in Punkten wurde beibehalten. Das heißt, diese Verbindung existierte auf Distanz, und die emotionalen Zustände waren immer entgegengesetzt und gleich intensiv. Wir waren einfach schockiert: Was für eine Matrix ist das?!

Ich begann sofort mir vorzustellen, wie dies visualisiert werden könnte. In (Abb. 15) versuchte ich, auf einem verschlungenen Interferenzmuster darzustellen, dass jede Aktion mathematisch verteilt ist und sich in der Zeit bewegt. Wenn ich mit einem Freund interagierte, dann waren wir verbunden und begannen vom selben Punkt in diesem Bild. Im Laufe der Zeit bewegten wir uns entlang symmetrischer Linien, aber in entgegengesetzte Richtungen. Und wenn ich mich nach rechts bewegte, fühlte ich mich positiv, während mein Freund im mathematischen Universum gleichzeitig eine Flugbahn nach links hatte und sich negativ fühlte.

Jede Kurve war eine bestimmte Interaktion mit der Umgebung, die die Flugbahn veränderte, aber da wir am selben Punkt begannen, waren unsere Flugbahnen verbunden. So zum Beispiel, als ich nach rechts abbog - ich ruhte mich nach der Arbeit aus, gleichzeitig gestalteten sich die Umstände für meinen Freund so, dass er gerade erst mit der Arbeit begann.

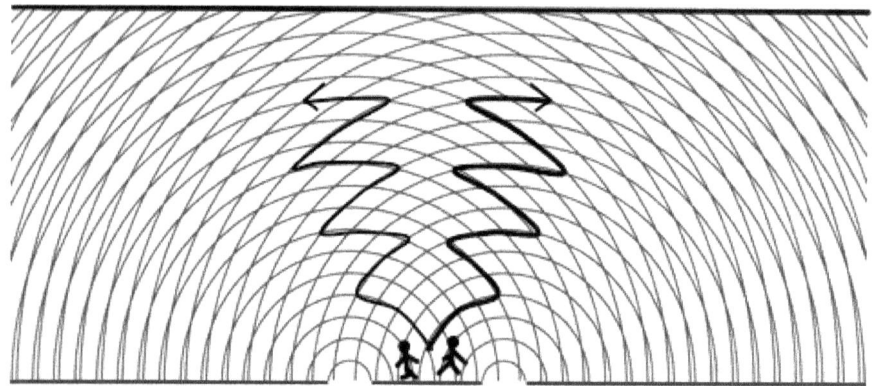

Abbildung 15. Das Foto zeigt eine vereinfachte Visualisierung einer Idee, die mit dem Konzept des "mathematischen Universums" verbunden ist, in dem Ereignisse und Interaktionen durch eine bestimmte mathematische Struktur gesteuert werden. Besonders betont wird hier die symmetrische Verteilung und die Vernetzung der verschiedenen Elemente innerhalb des Systems.

Wir haben versucht, irgendwie zu erklären, was passierte. Denn alles passte so perfekt zusammen, dass es einfach nur erschreckend war. Und erst jetzt zeigt mir dieses Bild, wie ich Nichtlokalität erklären kann. Denn die gesamte Materie ist so gleichmäßig verteilt, dass, wenn wir den Spin eines quantenverschränkten Teilchens messen, meine Messung im mathematischen Universum eine Änderung der Trajektorie nach rechts war, und das andere verschränkte Teilchen wurde entlang der entsprechenden entgegengesetzten Trajektorie verteilt, und in diesem Moment drehte es sich auch nach links und änderte dadurch seinen Spin ins Gegenteil.

Mit anderen Worten, unser gesamtes Universum ist eine Formel für die Verteilung von Materie, die gleichmäßig verteilt ist, und in (Abb. 15) habe ich mögliche vereinfachte Trajektorien dieser Formeln dargestellt, und Teilchen, die interagierten und quantenverschränkt wurden, bewegen sich entlang entgegengesetzter Trajektorien. Und die Drehung einer Trajektorie ist jeweils die Drehung einer anderen Trajektorie, in der Teilchen ihren Spin gleichzeitig und nichtlokal ändern können.

So kann es erklärt werden, während man im Rahmen der uns bekannten wissenschaftlichen Konzepte bleibt, ohne exotische Ideen wie Retrokausalität einzubeziehen.

Um auf die Idee zurückzukommen, dass während einiger Diskussionen ein Gleichgewicht in den Gehirnen aller Menschen entsteht, müssen wir zu einem der vorherigen Abschnitte zurückkehren, in dem etwas Ähnliches beschrieben wird:

(Mathematische Muster lassen sich in den unterschiedlichsten Bereichen nachweisen. 1906 machte der Forscher Francis Galton, ein Cousin von Charles Darwin, auf einem Jahrmarkt eine wichtige Beobachtung. Die Besucher wurden gebeten, das genaue Gewicht eines geschlachteten Bullen zu erraten. 787 Personen nahmen an dem Wettbewerb teil. Unter ihnen waren sowohl Landwirte, die sich damit auskennen, als auch Menschen, die weit von der Viehzucht entfernt sind. Nach dem Jahrmarkt berechnete Galton, dass der Durchschnittswert aller Antworten 1.197,5 Pfund (etwa 547,5 kg) betrug. Wie nahe glauben Sie, dass diese Zahl am tatsächlichen Gewicht des Bullen lag? Der Fehler betrug weniger als 1%. Absolut chaotische Antworten von verschiedenen Teilnehmern führten in der Summe zu einem sehr genauen Ergebnis. Dieses Phänomen wurde in verschiedenen Bereichen wiederholt reproduziert und als "Weisheit der Masse" bezeichnet.

Dieser Effekt liegt solchen Phänomenen wie der Demokratie zugrunde, wo Entscheidungen auf der Grundlage der Stimmen einer großen Anzahl von Menschen getroffen werden, sowie solchen Diensten wie Wikipedia oder der Online-Plattform "Kialo", die 2015 von einer Gruppe von Wissenschaftlern geschaffen wurde. Auf dieser Plattform können Menschen ihre Vorhersagen über bestimmte Ereignisse treffen, und die Plattform zeigt das durchschnittliche Ergebnis der Abstimmung. Viele der gemachten Vorhersagen trafen mit hoher Genauigkeit ein.)

Um dieses Phänomen mit meinem in (Abb. 14) dargestellten Modell zu erklären, bei dem eine Idee in verschiedene Arten ihrer Bewertung verteilt wird, können wir folgendes annehmen:

- Idee als Quantenobjekt: Jede Idee, jeder Gedanke oder jede Emotion kann als eine Art "Quantenobjekt" dargestellt werden, das das Potenzial hat, sich in verschiedene Zustände oder Interpretationen aufzuspalten.
- Verteilung in Raum-Zeit: Wenn eine Idee entsteht, scheint sie sich in Raum-Zeit "auszudehnen" und dabei verschiedene Bedeutungen und Schattierungen anzunehmen. Dies kann man sich als eine Wellenfunktion vorstellen, die alle möglichen Zustände einer Idee beschreibt.
- Die Summe der Teile ist gleich dem Ganzen: Jeder dieser Werte oder Interpretationen kann als separates "Teilchen" dieser Idee betrachtet werden. Und wenn wir all diese Teilchen zusammenzählen, erhalten wir das vollständige Bild, die ganze Idee.
- Die Weisheit der Masse: Dieses Phänomen kann dadurch erklärt werden, dass eine Idee, die sich in Raum-Zeit ausdehnt, in viele verschiedene "Teilchen" verteilt wird - sowohl positive als auch negative. Wenn wir eine große Anzahl von Menschen nach ihrer Meinung zu dieser Idee befragen, scheinen wir all diese Teilchen "zusammenzusammeln" und erhalten so ein vollständigeres und objektiveres Bild (wie in Abbildung 16).

Quantenphysik in der Makrowelt

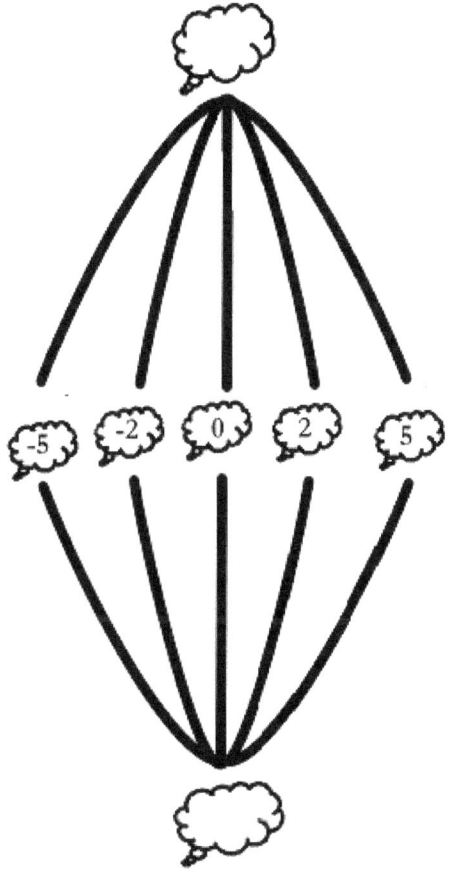

Abbildung 16. Das Bild bietet eine visuelle Darstellung, wie eine Idee von verschiedenen Personen wahrgenommen und interpretiert werden kann, was zu dem Phänomen führt, das als "Weisheit der Menge" bekannt ist.

Schlüsselelemente im Bild:

- Die obere Wolke: Stellt die ursprüngliche Idee oder das Konzept dar.

- Die auseinanderlaufenden Linien: Symbolisieren, wie sich die Idee ausbreitet und in verschiedene Interpretationen und Perspektiven verzweigt, wenn sie geteilt und diskutiert wird.
- Die mittlere Reihe von Wolken mit Zahlen: Repräsentiert das Spektrum der Meinungen, die Menschen über die Idee bilden, von stark negativ (-5) bis stark positiv (+5).
- Die sich unten zusammenlaufenden Linien: Deuten darauf hin, dass das Sammeln und Mitteln dieser vielfältigen Meinungen zu einem ausgewogeneren und genaueren Verständnis der Idee führen kann, dargestellt durch die untere Wolke.

Erklärung in Bezug auf den Text: Das Bild veranschaulicht die Idee, dass ein einzelnes Konzept in verschiedene Perspektiven zerfallen kann, wenn es einer Gruppe von Menschen ausgesetzt wird. Jeder Einzelne bildet seine eigene Meinung, beeinflusst von seinen einzigartigen Erfahrungen und Vorurteilen, was zu einer Bandbreite positiver und negativer Bewertungen führt. Doch durch das Sammeln und Analysieren dieser vielfältigen Meinungen entsteht ein vollständigeres und objektiveres Bild der Idee. Diese kollektive Intelligenz oder "Weisheit der Menge" erweist sich oft als genauer als individuelle Urteile.

Zurückkommend auf die Vorstellung, dass Gehirne quantenverschränkt sein könnten, möchte ich ein anschauliches Beispiel geben, das dieser Idee Glaubwürdigkeit verleihen könnte. Sie haben wahrscheinlich Situationen beobachtet, in denen jemand stolpert und hinfällt, was sofort zu Gelächter bei den Zuschauern führt. Wie erklärt man das aus evolutionärer Sicht? Vielleicht haben Sie es selbst erlebt, dass Sie in Lachen ausbrechen, wenn sich jemand anderes peinlich oder unwohl fühlt. Meine Theorie besagt, dass, wenn eine Person Negativität erlebt, ihr Gehirn nach einem Gleichgewicht sucht, das sich als Belustigung oder Lachen bei

Ich habe dieses Konzept angewendet, um meine eigenen Erfahrungen zu analysieren. Es gab Zeiten, in denen ich ohne ersichtlichen Grund fröhlich war, und wenn ich mich mit Freunden traf, konnte ich, indem ich meine eigenen Emotionen berechnete, ableiten, wie sich alle anderen fühlten, auch wenn sie es nicht offen zeigten. Wenn ich zu jemandem ging und fragte: "Was ist los? Warum bist du so traurig?" oder das Gegenteil: "Warum bist du so fröhlich?", fragten sie mich, woher ich das wisse, und ich antwortete einfach, dass ich es geraten hätte.

Ich habe Hunderte solcher Geschichten erlebt, also möchte ich meinen typischen Ansatz erläutern. Stellen Sie sich beispielsweise eine Gruppe von sechs Personen vor, die sich zwanglos über alltägliche Dinge unterhalten, als ich versehentlich ein Glas Wasser über mich schütte. Ich fühle mich unwohl und beginne, die Reaktionen aller zu beobachten. Einige bleiben gleichgültig, andere lächeln leicht, während andere in lautes Gelächter ausbrechen. Ich denke mir: "Okay, ich fühle mich ziemlich unbehaglich, und es gibt wahrscheinlich eine Verbindung zu dieser Person, die am lautesten lacht."

Später, im Verdacht einer möglichen Verschränkung mit dieser Person, reflektiere ich meine Emotionen. Interessanterweise fühle ich mich negativ, nicht wegen des verschütteten Wassers (das ich bereits vergessen habe), sondern allgemein traurig oder einsam, obwohl ich mich vorher nicht so gefühlt hatte. Das führt mich zu dem Schluss, dass ich möglicherweise mit dieser Person verschränkt bin. Also gehe ich zu ihm und sage etwas wie: "Hast du eine Freundin gefunden?" Er antwortet überrascht: "Ja, ich habe kürzlich jemanden kennengelernt, und wir schreiben uns gerade. Woher wusstest du das?" Ich sage einfach: "Ich hatte so ein Gefühl."

Ich habe unzählige solcher Experimente durchgeführt, und wenn man die Ergebnisse sorgfältig analysiert, funktioniert es zu 100 % der Zeit.

Dieses Phänomen deutet auf eine tiefere Verbindung zwischen Individuen hin, die möglicherweise in der Quantenverschränkung wurzelt. Wenn unsere Gehirne tatsächlich verschränkt sind, könnte der emotionale Zustand einer Person den emotionalen Zustand einer anderen direkt beeinflussen und ein subtileres Gleichgewicht oder Gegengewicht schaffen. Obwohl diese Idee weit hergeholt erscheinen mag, bietet sie eine faszinierende Perspektive auf menschliche Verbundenheit und Empathie.

Multiverse Level 5

In einer Welt, in der das Gleichgewicht als unveränderliches Gesetz erscheint, wo jede Aktion ihre Gegenaktion hat und jedes Teilchen seinen Platz im großen kosmischen Puzzle findet, stellt sich eine verlockende Frage: Ist unsere Existenz nur eine von unzähligen Variationen, verstreut über die grenzenlosen Weiten des Multiversums?

Halt für einen Moment inne und schau in den Spiegel. Sieh dir tief in die Augen, betrachte die vertrauten Züge deines Gesichts. Warum siehst du dich selbst und nicht jemand anderen? Ist es nur ein Spiel aus Licht, ein zufälliges Spiegelbild, oder vielleicht ein Hinweis auf etwas Größeres?

Wenn das Universum wirklich nach Gleichgewicht strebt, bedeutet das nicht, dass irgendwo dort draußen, in den unerforschten Tiefen der Realität, dein Gegenteil existiert – ein Spiegelbild, in dem all deine Merkmale, Überzeugungen und Handlungen umgekehrt sind? Oder gibt es vielleicht zahllose Parallelwelten, in denen du verschiedene Leben führst, andere Entscheidungen triffst und ein völlig anderer Mensch wirst?

Wenn die Materie, aus der unsere Welt besteht, sich im Raum nach einer Normalverteilung oder etwas Ähnlichem verteilt, können wir uns dann nicht, wie Quantenpartikel, in viele mögliche Optionen aufteilen, von denen jede in ihrer eigenen Realität existiert?

Eine Idee kam mir in den Sinn, die ich bereits früher beschrieben habe: dass dieses Gleichgewicht so funktioniert, dass etwas Ganzes expandiert wurde und in verschiedene Teile aufgeteilt wurde, jedes mit unterschiedlichen Parametern zu verschiedenen Zeiten, und wenn man sie addiert, entsteht wieder etwas Ganzes aus dem, woraus es gemacht wurde.

Das führte mich zu dem Gedanken, dass dies dem Urknall ähnelt, als etwas Großes aus etwas Ganzem entstand und unterschiedliche Werte annahm. Wenn man alle diese Werte zusammenfügen würde, würde eine Singularität erscheinen. Und die Entropie wiederum expandierte diese Singularität. Könnte die Entropie also diese Verteilung sein?

Als ich meine Emotionen im Laufe des Tages verfolgte, war die Grafik nicht perfekt gleichmäßig wie eine Glockenkurve. Doch je länger ich dies tat, desto mehr ähnelte sie einer solchen Glocke. Wenn man die Grafik für einen Monat betrachtet, sieht man, dass es manchmal viel mehr positive Emotionen gab. Es ist, als ob angedeutet wird, dass bald Tage mit einem Übergewicht an negativen Emotionen folgen könnten, um alles auszugleichen. Es mag scheinen, als könne man auf diese Weise die Zukunft vorhersagen, aber es funktioniert nicht immer.

Stell dir vor, du wirfst einen Ball gegen eine Wand voller Nägel. Du kannst ungefähr abschätzen, wohin er fliegen wird, aber es ist unmöglich, es genau vorherzusagen. Das Gleiche gilt für Emotionen – wir können den allgemeinen Trend erkennen, aber nicht alle Details, die unsere Stimmung beeinflussen.

Dies lässt sich damit erklären, dass beispielsweise die Verteilung der Materie nach einer Normalverteilung erfolgt, aber die Formel dieser Verteilung über die Zeit hinweg wirkt. Die Normalverteilung dieses Monats ist also Teil der Normalverteilung dieses Jahres, die wiederum Teil der Normalverteilung dieses Jahrhunderts ist. Wir sehen das Gesamtbild nicht und können daher nicht genau vorhersagen, was passieren wird, sondern nur die Wahrscheinlichkeit dessen. Wenn wir alle Parameter kennen würden, könnten wir die Zukunft genau vorhersagen.

Als ich mit meinem Freund verbunden war, fühlten wir entgegengesetzte Emotionen, als würde die Quantenverschränkung im Makrokosmos wirken. Könnte es sein, dass unser Universum mit einem anderen Universum nach demselben Prinzip wie in (Abb. 17) verschränkt ist? Unser Schicksal wird durch eine bestimmte Flugbahn unserer Welt bestimmt, aber die Welt, die mit uns verbunden ist, folgt einer parallelen Flugbahn.

Ich habe oft darüber nachgedacht. Wenn alles so funktioniert, wenn das Gleichgewicht ständig aufrechterhalten wird, könnte ich in meiner

Welt, als ich beispielsweise im Lotto gewonnen habe, annehmen, dass in einer parallelen, mit meiner Welt verbundenen Welt, die eine entgegengesetzte Flugbahn verfolgt, etwas Schlimmes passiert sein muss, um meinen Lottogewinn emotional auszugleichen.

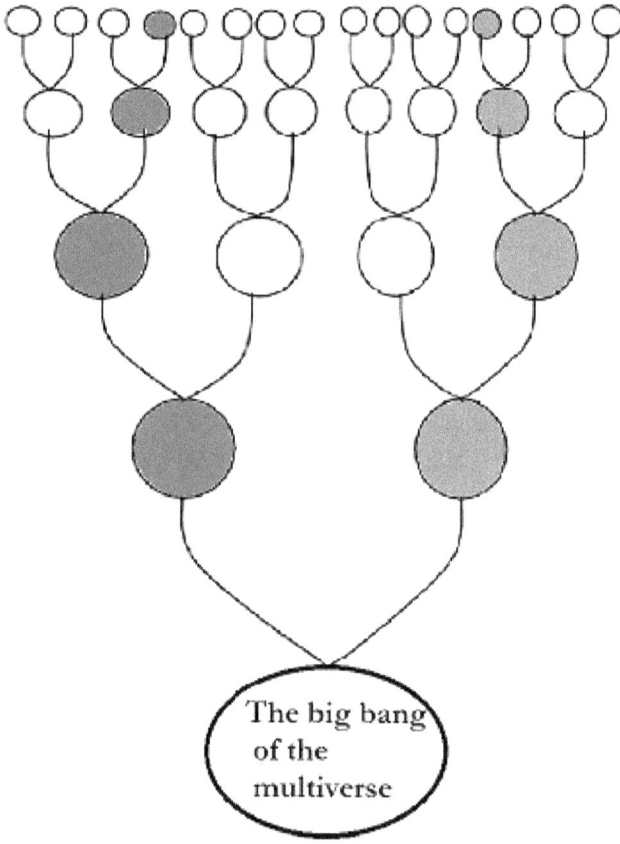

Abbildung 17. Das Bild spiegelt die Idee wider, dass unser Universum nur eines von vielen sein könnte und dass Ereignisse innerhalb dieses Universums durch ein Prinzip des Gleichgewichts mit Ereignissen in anderen Universen verbunden sein könnten. Diese Hypothese bietet eine neue Perspektive auf die Natur der Realität und könnte einige

Phänomene erklären, die im Rahmen traditioneller wissenschaftlicher Konzepte schwer zu verstehen sind. Darüber hinaus deutet sie darauf hin, dass das mathematische Universum auch Materie auf der Ebene ganzer Universen symmetrisch verteilen könnte.

Es ist interessant, dass meine Kindheitsideen jetzt mit den neuesten Theorien wie der entropischen Gravitation übereinstimmen. Dies hat die Tür zu neuer wissenschaftlicher Forschung und einem Ansatz zur Erforschung des Universums geöffnet. Jedes Jahr gibt es eine wachsende Anzahl von Arbeiten, die das Universum aus der Perspektive der Quanteninformation betrachten.

Wie ich bereits erwähnt habe, wurde im April 2024 ein Artikel veröffentlicht (Referenz 40), der die Idee entwickelte: Wenn das gesamte Universum eine riesige Struktur verschränkter Quantenteilchen ist, die auf einer zweidimensionalen Kugel kodiert sind, was hindert dann das gesamte Universum daran, mit einem anderen solchen Universum verschränkt zu sein?

Die Schlussfolgerung des Artikels: Wenn ein solches Universum mit unserem verschränkt wäre, würde dies die dunkle Energie erklären, die sich als negative Gravitation manifestiert, den Raum ausdehnt und etwa 70% aller Energie im Universum ausmacht. Die Verschränkung solcher Universen würde eine entropische Gravitation zwischen ihnen erzeugen, die Gravitation des gesamten Universums, die kolossale 70% aller Energie erklärt. Und wir, die wir uns in einem von ihnen befinden oder darin kodiert sind, würden dies als negative Gravitation wahrnehmen, die unseren Raum ausdehnt.

Mit anderen Worten, die Theorie der entropischen Gravitation besagt, dass unsere gesamte Welt eine verschränkte Struktur von Quanteninformationen ist, die auf der Oberfläche einer zweidimensionalen Kugel kodiert ist. Die Gravitation darin ist keine fundamentale Kraft, sondern nur eine Folge der Entropie der Information auf ihrer Oberfläche und eine Folge, die dunkle Materie und möglicherweise dunkle Energie erklären kann.

Schlussfolgerung

Zusammenfassend lässt sich sagen, dass meine Beobachtungen zu Emotionen darauf hindeuten, dass unsere Welt einer Welle ähnelt, die sich entlang identischer Trajektorien hin und her bewegt. Mit anderen Worten, wenn Sie auf eine bestimmte Weise mit einer Person interagiert haben, scheinen Sie einer entgegengesetzten Flugbahn zu folgen, und diese Flugbahnen sind perfekt ausgeglichen. Jeder erreicht ein Gleichgewicht, zum Beispiel über einen bestimmten Zeitraum der Messung von Emotionen, und das Gleichgewicht zum Zeitpunkt der Messung liegt auf der Ebene eines Freundes und seiner selbst. Ebenso kann die Nichtlokalität auf solchen Trajektorien erklärt werden, da die Realität selbst jemanden dazu zwingt, eine Wahl nach links zu treffen, und jemand, der miteinander verbunden ist, nach rechts gehen muss.

Wenn wir weiter gehen, können wir die Wahrscheinlichkeiten erklären, ein Teilchen in der Quantenphysik zu messen. Wahrscheinlichkeit entsteht, weil wir nicht das ganze Bild sehen. Das heißt, es gibt eine Formel für die Verteilung der Materie, und sie verteilt die Materie in der Zeit, und wir wissen nicht, wo genau wir uns jetzt in der Zeit befinden, um vollständig genaue Ergebnisse zu erzielen. Dies betraf die Mikrowelt.

Und im Makrokosmos sind Teilchen quantenverschränkt und verhalten sich auch wie Wellen, aber in einem großen Maßstab, den wir nicht vollständig sehen können, weil wir Staubpartikel in der Größe des Makrokosmos sind und das Bild nicht als Ganzes betrachten können. Aber ich habe eine solche Wellennatur gesehen, indem ich Emotionen beobachtete.

Und diese Theorie kann zum Beispiel sogar die Paradoxien der Relativitätstheorie erklären. Wenn man beispielsweise die Lichtgeschwindigkeit erreicht, stoppt die Zeit. Dies kann daran liegen, dass diese Formel für die Expansion der Materie sie mit Lichtgeschwindigkeit in der Zeit ausdehnt, und wenn Sie sich ihr nähern, werden die Trajektorien noch nicht gezeichnet.

Aber wie erklärt man zum Beispiel, dass massive Objekte Schwerkraft erzeugen? Dies kann durch das, was ich in den vorherigen Abschnitten erwähnt habe, durch Verschränkung erklärt werden. Je mehr Partikel sich an einem Ort befinden, desto mehr wollen sie sich mit der Umgebung verflechten.

So sieht das Bild aus, das ich bemerkt habe. Ich kam dazu im Alter von 14 Jahren, um zu beschreiben, wie die Welt funktionieren kann. Und dann interessierte ich mich überhaupt nicht für Wissenschaft und hatte keine Ahnung, dass das, was ich beschrieb, eine Grundlage in der Quantenphysik haben könnte.

Denn selbst wenn wir die populärste Theorie von allem, die Stringtheorie, nehmen, funktioniert alles nach dem gleichen Prinzip: Die Strings vibrieren, und diese Vibrationen sind symmetrisch.

Was wird als nächstes passieren?

Wenn Sie meine Ideen nicht teilen, hassen Sie mich bitte nicht. Ich habe versucht, dieses Buch so interessant wie möglich zu schreiben, ich habe die interessantesten Themen ausgewählt, die mir gefallen haben, und sie miteinander kombiniert. Ich habe versucht, dieses Buch nicht wie alle anderen populärwissenschaftlichen Bücher auf diesem Gebiet zu gestalten, die dasselbe beschreiben. Vielleicht habe ich Ihnen, auch wenn Ihnen meine Theorie nicht gefallen hat, zumindest etwas zum Nachdenken gegeben. Vielleicht haben Sie sogar einige Vergleiche mit Ihrem Leben angestellt. Schließlich sind solche Ideen in der Philosophie sehr beliebt.

Eigentlich habe ich noch viel mehr Material und verschiedene psychologische Beobachtungen, aber das ist ein anderes Thema. Aber jetzt, um meine Theorie zu bestätigen, habe ich Dutzende von Experimenten entwickelt, die zum Beispiel mit MRT und Elektroenzephalogramm durchgeführt werden können, und eine Reihe anderer Experimente, um dies zu bestätigen.

In meinem ersten Buch „Jenseits der Realität: Das mathematische Universum, das Bewusstsein und die Illusion der Raumzeit" habe ich diese Theorie einfach beschrieben. In diesem Buch habe ich es weiterentwickelt und versucht, Illustrationen dafür zu erstellen. Als nächstes plane ich, diese Theorie in die Sprache der Formeln zu übersetzen, um meine eigene Theorie von allem zu erstellen.

Im Moment bin ich 20 Jahre alt und mache meine zweite Hochschulausbildung in Programmierung. In meiner Freizeit werde ich meine Mathematik verbessern und versuchen, dies mit Formeln zu visualisieren. Wenn Sie Fragen haben oder kooperieren möchten, können Sie mir per E-Mail schreiben oder meinen X abonnieren.

Und ich habe auch ein Science-Fiction-Buch, das Ideen aus diesem Buch miteinander verbindet. Es heißt „**HINTER DEM CODE**" von Volodymyr Bilovskyi. Wenn Ihnen dieses Buch gefallen hat, dann sollte Ihnen auch HINTER DEM CODE gefallen.

References

1. Jim Al-Khalili "The World According to Physics"
2. Philip Ball "Beyond Weird"
3. Johnjoe McFadden & Jim Al-Khalili "Life on the Edge"
4. Elizabeth Pennisi "The surprisingly long afterlife of dinosaur proteins" (Science)
5. Davide Castelvecchi "Is photosynthesis quantum-ish?" (Nature)
6. Philip Ball "Quantum biology: An update" (Physics World).
7. "A Brief History of Time" by Stephen Hawking
8. "The Elegant Universe" by Brian Greene
9. "Reality Is Not What It Seems" by Carlo Rovelli
10. "Parallel Worlds" by Michio Kaku
11. "Your Brain is a Time Machine: The Neuroscience and Physics of Time" by Dean Buonomano

12. "The Emperor's New Mind: Concerning Computers, Minds and The Laws of Physics" by Roger Penrose
13. "Nonlocality: The Revolutionary Theory of Everything" by George Musser
14. "Case Against Reality: Why Evolution Hid the Truth from Our Eyes" by Donald Hoffman
15. "Critique of Pure Reason" by Immanuel Kant
16. Our Mathematical Universe - Max Tegmark
17. The Man Who Mistook His Wife for a Hat - Oliver Sacks
18. The Inflationary Universe - Alan Guth
19. Dreams of a Final Theory - Steven Weinberg
20. The Assayer - Galileo Galilei
21. The Man Who Knew Infinity - Robert Kanigel (biography of Srinivasa Ramanujan)
22. A Beautiful Question - Frank Wilczek
23. "Relative State" Formulation of Quantum Mechanics - Hugh Everett III
24. Parallel Universes - Max Tegmark
25. "Shadows of the Mind: A Search for the Missing Science of Consciousness" by Roger Penrose
26. "Consciousness in the Universe: A Review of the 'Orch OR' Theory" by Stuart Hameroff and Roger Ultraviolet Superradiance from Mega-Networks of Tryptophan in Biological Architectures:
https://pubs.acs.org/doi/10.1021/acs.jpcb.3c07936
27. The Computational Theory of Mind:
https://plato.stanford.edu/entries/computational-mind/#ComNeu
28. The importance of quantum decoherence in brain processes - Max Tegmark: https://arxiv.org/abs/quant-ph/9907009
29. Nuclear Spin Attenuates the Anesthetic Potency of Xenon Isotopes in Mice: Implications for the Mechanisms of Anesthesia and Consciousness:
https://pubs.acs.org/doi/epdf/10.1021/acscentsci.2c01114

30. Reviews of quantum biology:
https://www.mdpi.com/2624-960X/3/1/6
https://link.springer.com/chapter/10.1007/978-3-030-99291-0_5
31. Article Einstein, Podolsky, Rosen (EPR PARADOX):
https://cds.cern.ch/record/405662/files/PhysRev.47.777.pdf
32. Bell's article:
https://journals.aps.org/ppf/pdf/10.1103/PhysicsPhysiqueFizika.1.195
33. Zeilinger's article:
https://arxiv.org/pdf/1301.1069
34. Zeilinger's article (informational interpretation):
https://link.springer.com/article/10.1023/A:1018820410908
35. Article Susskind (Holographic principle)
https://arxiv.org/pdf/hep-th/9409089
36. Satya Verlinde (Entropy Gravity)
37. https://arxiv.org/pdf/1001.0785
38. Satya Verlinde (Entropy gravity and dark matter)
https://arxiv.org/abs/1611.02269
39. Bekenstein's article (Entropy of black holes)
https://link.springer.com/article/10.1007/BF02757029
40. Article "Information connection of two universes"
https://link.springer.com/article/10.1134/S0202289324010080

41. Calhoun, J. B. (1962). Population density and social pathology. *Scientific American*, 206(2), 139-148.
42. Calhoun, J. B. (1973). Death squared: The explosive growth and demise of a mouse population. *Proceedings of the Royal Society of Medicine*, 66(1 Pt 2), 80-88.
43. Malthus, T. R. (1798). *An Essay on the Principle of Population.*
44. Henneberg, M. (1998). Decrease of human brain size in the Holocene. *Human Biology*, 70(5), 895-911.к

Quantenphysik in der Makrowelt